WTB

Wissenschaftliche Taschenbücher

Biologie

Klaus-Dieter Jentzsch

Regulation des Wachstums und der Zellvermehrung

Wissensstand und Probleme

Akademie-Verlag · Berlin

WTB Wissenschaftliche Taschenbücher

Eine Auswahl lieferbarer Bände:

HEINRICH ARNOLD
Physikalische Chemie der Halbleiter

JOACHIM AUTH / DIETMAR GENZOW
KLAUS H. HERRMANN
Photoelektrische Erscheinungen

HANS BANDEMER
ANDREAS BELLMANN
WOLFHART JUNG / KLAUS RICHTER
Optimale Versuchsplanung

FRANK BEICHELT
Prophylaktische Erneuerung von Systemen

WOLFRAM BRAUER
HANS-WALDEMAR STREITWOLF
Theoretische Grundlagen der Halbleiterphysik

SIEGFRIED BREHMER
Einführung in die Maßtheorie

SIEGFREID BREHMER
Hilbert-Räume und Spektralmaße

ERNST-JOACHIM DONTH
Glasübergang

WERNER DÜCK
Diskrete Optimierung

HANNELORE FISCHER
JOACHIM PIEHLER
Modellsysteme der Operationsforschung

GOTTFRIED FRITZSCHE
Grundlagen und Entwurf passiver Analogzweipole
Netzwerke I
Entwurf passiver Analogvierpole
Netzwerke II
Entwurf aktiver Analogsysteme
Netzwerke III
Zeitdiskrete und digitale Systeme
Netzwerke IV

HERBERT GOERING
Asymptotische Methoden zur Lösung von Differentialgleichungen

HERBERT GOERING
Elementare Methoden zur Lösung von Differentialgleichungsproblemen

NINA HAGER
Modelle in der Physik

MARTIN HEINRICH / HEINZ ULBRICHT
Mechanik der Kontinua

EDUARD HERLT / NIKOLAUS SALIÉ
Spezielle Relativitätstheorie

HELMUT HESS
Der elektrische Durchschlag in Gasen

V. I. KARPMAN
Nichtlineare Wellen in dispersiven Medien

ULRICH KAUSMANN
KLAUS LOMMATZSCH
FRANTIŠEK NOŽIČKA
Lineare parametrische Optimierung

A. R. KESSEL
Akustische Kernresonanz

Konrad Kreher
Festkörperphysik

Dieter Kress
Theoretische Grundlagen der Signal- und Informationsübertragung

Dieter Leuschner
Grundbegriffe der Thermodynamik

V. S. Letochow
Laserspektroskopie

Wolfgang Meiling
Digitalrechner in der elektronischen Meßtechnik
Teil 1: Meßmethodik
Teil 2: Gerätetechnik und Anwendungen

Dieter Michel
Grundlagen und Methoden der kernmagnetischen Resonanz

L. I. Miroschnitschenko
Kosmische Strahlung im interplanetaren Raum

Peter Paufler
Phasendiagramme

Peter Paufler
Gustav E. R. Schulze
Physikalische Grundlagen mechanischer Festkörpereigenschaften
Teil I und II

Ulrich Röseberg
Quantenmechanik und Philosophie

Albrecht Rost
Messung dielektrischer Stoffeigenschaften

J. V. Sačkov
Wahrscheinlichkeit und Struktur

E. M. Sawizki
Perspektiven der Metallforschung

Wolfgang Schäfer
Theoretische Grundlagen der Stabilität technischer Systeme

Ernst Schmutzer
Symmetrien und Erhaltungssätze der Physik

Volkmar Schuricht
Kernexplosionen für friedliche Zwecke

Volkmar Schuricht
Fusionsreaktoren und Umwelt

Hubertus Stolz
Supraleitung

Festkörperphysik
Entwicklungstendenzen und Anwendungsmöglichkeiten

Das Neutron
Eine Artikelsammlung

Die Schöpfer der physikalischen Optik
Eine Artikelsammlung

Hans-Georg Schöpf
Von Kirchhoff bis Planck

Richard Campbell
Mikrobielle Ökologie

Helmut Friemel / Josef Brock
Grundlagen der Immunologie

Eberhard Hofmann
Funktionelle Biochemie des Menschen
Band 1 und 2

Lothar Jäger
Grundlagen der Klinischen Immunologie

Karlheinz Lohs
Dieter Martinetz
Entgiftung — Mittel, Methoden und Probleme

Joachim Nitschmann
Entwicklung bei Mensch und Tier

Dieter Spaar
Helmut Kleinhempel
Hans Joachim Müller
Klaus Naumann
Bakteriosen der Kulturpflanzen

Eberhard Teuscher
Pharmakognosie
Teil I–III

Heinrich Bremer
Klaus-Peter Wendlandt
Heterogene Katalyse

Peter Birner
Hans-Jörg Hofmann
Cornelius Weiss
MO-theoretische Methoden in der organischen Chemie

Werner Döpke
Dynamische Aspekte der Stereochemie organischer Verbindungen

Falko H. Herrmann
Martina Ch. Herrmann
Das Hämoglobin des Menschen

Hans Luppa
Grundlagen der Histochemie
Teil I und II

Vorschau auf die nächsten Bände:

Roland Glaser
Grundriß der Biomechanik

Peter Hellmold
Hochtemperaturreaktionen

Klaus Hübner
Isolatorphysik des SiO_2

Eberhard Jäger / Rolf Perthel
Magnetische Eigenschaften von Festkörpern

Hans Neumann / Kurt Stecker
Temperaturmessung

Werner Schoenborn
Klaus Fritzsch / Gerd Stanke
Lernverfahren für technische Systeme

Dietrich Stoyan / Joseph Mecke
Stochastische Geometrie

WTB

Band 283

Klaus-Dieter Jentzsch

Regulation des Wachstums und der Zellvermehrung

Wissensstand und Probleme

Mit 38 Abbildungen und 9 Tabellen

AKADEMIE-VERLAG · BERLIN

Reihe BIOLOGIE

Herausgeber:
Prof. Dr. H. Bochow, Berlin
Prof. Dr. H. Böhme, Gatersleben
Prof. Dr. E. Hofmann, Leipzig
Prof. Dr. J. O. Hüsing, Rerik
Prof. Dr. U. Taubeneck, Jena

Verantwortlicher Herausgeber dieses Bandes
Prof. Dr. E. Hofmann

Verfasser:
Prof. Dr. med. vet. habil K.-D. Jentzsch
Berlin

1983
Erschienen im Akademie-Verlag,
DDR - 1086 Berlin, Leipziger Straße 3—4
Lektor: Christiane Grunow

Lizenznummer: 202 · 100/482/83
Gesamtherstellung: VEB Druckhaus „Maxim Gorki“, 7400 Altenburg
Bestellnummer: 763 079 8 (7283) · LSV 2014
Printed in GDR
DDR 12,50 M
ISSN 0084 - 0963

Vorwort

Dem Gedanken, diesen Titel zu bearbeiten, lagen vor allem zwei Gesichtspunkte zugrunde.

Erstens hat die Forschungsarbeit auf dem Gebiet der „Wachstumsfaktoren“ für tierische Zellen in den letzten 5—10 Jahren eine Fülle neuer Ergebnisse geliefert, die im deutschsprachigen Schrifttum bisher nicht in einem der Bedeutung angemessenen selbständigen Rahmen dargestellt wurden. Es schien nötig, dies nachzuholen und das Gebiet der Wachstumsregulation in seiner gesamten Breite Interessierten zu erschließen.

Zweitens sind für die Zielstellung der Wirkstofforschung, in die der Verfasser eingebunden ist, alle wissenschaftlichen Entwicklungstrends hinsichtlich der Auffindung, Isolierung und Strukturaufklärung von Biofaktoren von speziellem Interesse; denn angesichts der zunehmenden Chemisierung unserer Umwelt und der Tatsache, daß wir ohne regulatorische Eingriffe in die verschiedenartigen Lebensprozesse nicht auskommen — sei es in der Pflanzen- und Tierproduktion oder in der Medizin —, benötigen wir vorzugsweise solche Wirkstoffe, die ihre Vorbilder in Naturstoffen haben. Diese sind als Informationsüberträger, Regulatoren, Carrier, Mediatoren, Liganden, Rezeptoren u. v. a. m. in einem millionenjahrelangen evolutionären Prozeß innerhalb des Organismus selektiert worden. Sie sichern nicht nur das optimale Funktionieren der einzelnen Organsysteme, sondern tragen nach Entgleisungen unterschiedlicher Ursache zur Wiederherstellung der Funktionstüchtigkeit bei. Eine Anleihe bei diesen natürlichen Vorbildern zu machen, ist für die Wirkstofforscher sicher sinnvoll und empfehlenswert. Jedoch ist leider festzustellen, daß sich im Unterschied zu der großen Zahl abgeleiteter, chemosynthetischer Phytoeffektoren, mit denen u. a. die Pflanzenausbeute erhöht wird, eine praktische Nutzanwendung der „Wachstumsfaktoren“ für tierische Zellen noch nicht ausreichend greifbar erscheint. Ungeachtet dessen bzw. besonders deshalb ist es notwendig, auch in dieser Richtung das Auge offen zu halten.

Die Bemühungen des Verfassers waren darauf gerichtet, die wichtigsten Forschungsergebnisse zusammenzutragen und in einen zusammenhängenden, gleichmäßigen Guß zu bringen. Vorrangiges Ziel war dabei die Aufbereitung des Faktenwissens, obwohl aus Mangel an solchem es nicht selten unumgehbar war, ersatzweise auf Modellvorstellungen und Auffassungen zurückzugreifen. Bewußt breit wurde die Wachstumsregulation des tierischen Organismus abgehandelt, weil sich auf diesem Gebiet die augenfälligsten Entwicklungen in den letzten Jahren vollzogen haben. Aber auch hier wurde vermieden, sich in Detailergebnissen zu verlieren und Perfektionismus zu betreiben. Möge dieses Herangehen vom Leserkreis gebilligt werden!

Die Abschnitte „Pflanzlicher Organismus" wurden von Herrn Professor Dr. H. Koblitz, Zentralinstitut für Genetik und Kulturpflanzenforschung, Gatersleben, und „Tierischer Organismus" von Herrn Dr. W. Jakob, Institut für Wirkstofforschung, Berlin, — beides Einrichtungen der Akademie der Wissenschaften der DDR — einer kritischen Durchsicht unterzogen, wofür beiden Kollegen sehr herzlich gedankt sei. Herrn Dr. W. Jakob sowie zusätzlich Herrn Dr. J. Zipper, ebenfalls wissenschaftlicher Mitarbeiter im Institut für Wirkstofforschung, fühle ich mich ferner für wichtige Literaturhinweise und die Bereitstellung ausgewählter Originalarbeiten verbunden. Das Manuskript wurde in vorbildlicher Weise von meiner Sekretärin Frau Anita Dietrich in eine abgabereife, saubere Form überführt, wofür auch ihr herzlicher Dank gebührt. Herrn Professor Dr. P. Oehme, dem Direktor unseres Instituts für Wirkstofforschung, danke ich für sein Interesse an der Durchdringung des Stoffes und für die entgegenkommende Unterstützung. In das Manuskript ging nicht zuletzt das erfolgreiche Wirken der Mitarbeiterinnen der Arbeitsgruppen Bibliothek und Information unseres Instituts mit ein!

Der Leitenden Lektorin des Akademie-Verlages Berlin, Frau Christiane Grunow, und dem Herausgeber, Herrn Professor Dr. E. Hofmann, gilt mein besonderer Dank für die Aufnahme des Titels in die bewährte WTB-Reihe Biologie. Frau Grunow bin ich darüber hinaus für die konstruktive, offenherzige Zusammenarbeit bei der Drucklegung dieses Bandes verbunden.

Klaus-Dieter Jentzsch

Inhalt

Abkürzungen

Aminosäuren:

Ala	L-Alanin
Arg	L-Arginin
Asn	L-Asparagin
Asp	Asparaginsäure
Cys	L-Cystin
Gln	L-Glutamin
Glu	Glutaminsäure
Gly	Glyzin
His	L-Histidin
Ile	L-Isoleuzin
Leu	L-Leuzin
Lys	L-Lysin
Met	L-Methionin
Phe	L-Phenylalanin
Pro	L-Prolin
Ser	L-Serin
Thr	L-Threonin
Trp	L-Tryptophan
Tyr	L-Tyrosin
Val	L-Valin
ATP	Adenosin-5'-triphosphat
cAMP	cyclisches 3', 5'-Adenosinmonophosphat
cGMP	cyclisches 3', 5'-Guanosinmonophosphat
DNA	Desoxyribonukleinsäure
EGF	Epidermiswachstumsfaktor („Epidermal Growth Factor")
FGF	Fibroblastenwachstumsfaktor („Fibroblast Growth Factor")
GTP	Guanosin-5'-triphosphat
IES	Indol-3-essigsäure (Auxin)
IGF	Insulinähnlicher Wachstumsfaktor („Jnsulin-like Growth Factor")
KSF	Koloniebildung-Stimulierungsfaktor

M_r	relative Molekülmasse
MSA	Vermehrungsstimulierende Aktivität („**M**ultiplication **S**timulating **A**ctivity")
NGF	Nervenwachstumsfaktor („**N**erve **G**rowth **F**actor")
RNA	Ribonukleinsäure
STH	Somatotropes Hormon = Wachstumshormon

Einführung

Wachstum als biologisches Phänomen ist eine Grundeigenschaft der lebenden Materie. Es ist zu definieren als eine an Lebenstätigkeit von Zellen gebundene, irreversible Formveränderung, die sich aus bleibenden Substanz- und Volumenzunahmen ergibt.

Bei Einzellern besteht das Wachstum des Individiums ausschließlich in der Substanz- und Volumenzunahme einer einzelnen Zelle. Das Wachstum des vielzelligen Organismus ergibt sich indessen als Summe aus dem Wachstum seiner Einzelzellen. Zwischen Tier und Pflanze bestehen Unterschiede insofern, als bei letzter Wachstum und Organbildung bis zum Tod andauern, weil in den Vegetationspunkten zeitlebens embryonale Zellen vermehrungsfähig erhalten bleiben. Bei den meisten Tieren und beim Menschen dagegen kommt das Wachstum annähernd mit Erreichen der Geschlechtsreife zum Stillstand.

Abschluß des Körperwachstums bedeutet aber selbst beim phylogenetisch hochentwickelten Säugetierorganismus keinesfalls Abschluß des Zellwachstums überhaupt. Zellbiologisch wird unter Zellwachstum nicht nur Zellvergrößerung bzw. Zellstreckung verstanden, sondern gleichzeitig Zellvermehrung. Die Zellvermehrung ist sogar der anteilmäßig entscheidende Vorgang des Zellwachstums. Unter diesem Gesichtspunkt ist es verständlich, daß sich auch der adulte Organismus die Fähigkeit des Zellwachstums, also der Zellvermehrung, grundsätzlich bewahren muß. Denn diese ist für ihn eine wichtige Vorbedingung, um im Interesse der Erhaltung seiner Funktions- und Leistungsfähigkeit bis ins hohe Alter den physiologischen Verschleiß ausgedienter Zellen auszugleichen oder einen Ersatz geschädigten Gewebes herbeizuführen.

Die Zellvermehrung erfolgt nicht autonom. Sie unterliegt einer strengen Kontrolle und ist in komplizierte Regulationsmechanismen eingebunden, die die Teilung jeder einzelnen Zelle überwachen. Bei Einzellern sind es „lediglich" Nährstoff- und Milieufaktoren, die die Vermehrung beeinflussen. Bei höheren Pflanzen und beim

Tier muß sich die Zellvermehrung in das Gesamtgeschehen des wachsenden Organismus einpassen. Hier sind Regulationsmechanismen notwendig, die dadurch charakterisiert sind, daß spezifische Wirkstoffe, sogenannte Wachstumsregulatoren oder Proliferationsfaktoren, im Organismus gebildet werden. In Abhängigkeit vom Genmuster und von der jeweiligen Ansprechbarkeitslage regen diese chemischen Signalgeber die Zielzellen zur Vermehrung an. Das Wachstum der Organismen wird also auf der Ebene der Zelle reguliert.

Wir sind noch weit davon entfernt, vollständig zu wissen und zu verstehen, welche Prozeßabläufe im einzelnen ausgelöst werden und welche Mechanismen insgesamt wirksam sind, um die Zellvermehrung zu regulieren. Wir beginnen aber zu begreifen, daß sich hier biologische Grundvorgänge großer Allgemeingültigkeit und Bedeutung auftun und Faktoren hormoneller Wirkungsweise im Spiele sind, deren Isolierung und Nutzbarmachung konkrete Einstiegsmöglichkeiten für eine gezielte Beeinflussung der Zellvermehrung und damit von Wachstumsprozessen eröffnen.

I. Wachstumsregulation bei Mikroorganismen

In bezug auf Bakterien, den Hauptvertretern der Mikroorganismen, läßt sich folgende Berechnung anstellen:

Bei unverändert optimalen Vermehrungsbedingungen und unter Zugrundelegung der üblichen durchschnittlichen Zellteilungsperiode von 15–20 min ist eine einzelne Bakterienzelle imstande, innerhalb von 36 Stunden als Nachkommenschaft eine Biomasse zu bilden, die ein Volumen besitzt, daß mit ihr in einer 30 cm dicken Schicht die gesamte Erdoberfläche überzogen werden könnte!

Es stellt sich die Frage, wie der gewaltige Vermehrungsdrang der Bakterien und anderer Mikroorganismen regulatorisch in Grenzen gehalten wird.

Unter *Wachstum von Mikroorganismen* versteht man die Vergrößerung von Populationen. Diese ist durch Nachweis entweder der Erhöhung der Zellzahl oder der Zunahme der produzierten Biomasse quantitativ erfaßbar. Beide Parameter verlaufen konform, nicht unbedingt aber parallel, weil die Massezunahme nicht ausschließlich durch Zellzahlvergrößerung, sondern auch durch Substanzzunahme der einzelnen Mikroorganismenzelle bedingt wird. Der biologische Grundvorgang setzt sich demzufolge zusammen einerseits aus der Teilung einer Mikroorganismenzelle in zwei Tochterzellen, ausnahmsweise aus der Abschnürung von

Tochterzellen, und andererseits aus der anschließenden, auf Substanzzubildung beruhenden Größenzunahme der entstandenen Tochterzellen (Abb. 1).

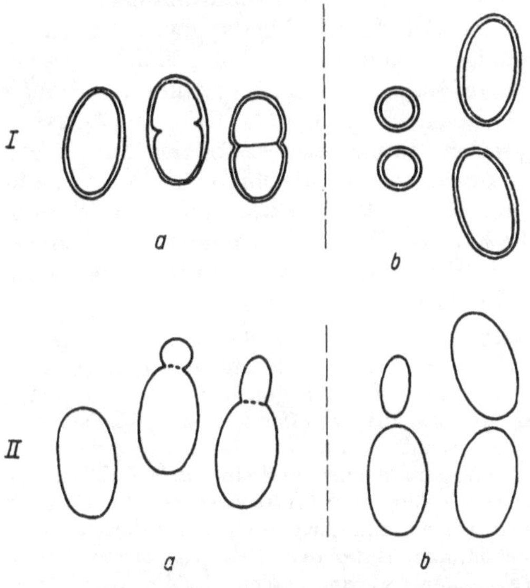

Abb. 1. Teilung (I) und Sprossung (II) als Grundvorgänge der Vermehrung von Mikroorganismen. Die Massezunahme einer Mikroorganismenkultur resultiert aus dem Vermehrungsvorgang (a) und der anschließenden Größenzunahme der Tochterzellen durch Substanzzubildung (b).

Das Wachstum der Mikroorganismenpopulation bzw. die Vermehrung der einzelnen Mikroorganismenzellen ist von der Erfüllung einer Reihe äußerer und innerer *Bedingungen* abhängig:

— Äußere Bedingungen:
  Nährstoffangebot: Wasser, Salze, Spurenelemente, Energiequellen, „Wachstumsfaktoren"
  Milieufaktoren: Temperatur, pH-Wert, Sauerstoffspannung u. a.

— Innere Bedingungen:
  Adäquate Beschaffenheit der Mikroorganismenzelle: Toleranzbreite gegenüber Milieueinflüssen, Aufbau der Zellwand, Eigenschaften des Membrantransports, Verfügbarkeit von Enzymen u. a.

Die *Art des Nährstoff- und Milieuanspruchs* läßt sich für viele Mikroorganismenarten eindeutig bestimmen, indem diese unter in vitro-Bedingungen, d. h. im Laboratorium, in oder auf einem Substrat kultiviert werden, das chemisch genau definiert ist und anfangs keine Nährstoffe enthält. Durch Zugabe jeweils bestimmter Nährstoffe, wie organische Säuren, Alkohole, Kohlenwasserstoffe oder Kohlenhydrate, oder von Nährstoffkombinationen und durch Variation der Milieubedingungen läßt sich die Bedarfslage recht genau analysieren. Dabei ist feststellbar, daß neben anspruchslosen Mikroorganismenarten, die mit Glukose als Kohlenstoffquelle, Ammoniumchlorid als Stickstoffquelle und Salzen, wie KH_2PO_4, $MgSO_4$, $FeSO_4$ und $CaCl_2$, auskommen, auch solche existieren, die anspruchsvoller sind. Diese benötigen zusätzlich „Wachstumsfaktoren" oder Wuchsstoffe.

Der Begriff „*Wachstumsfaktor*" hat hier eine andere inhaltliche Bedeutung als der, auf den wir später bei der Betrachtung der tierischen Zelle stoßen werden. Er bezeichnet hier nutritive Ergänzungsstoffe (Suppline), d. h. Nährstoffe, zu deren Synthese die betreffende Mikroorganismenart nicht befähigt ist und die ihr deshalb von außen zugeführt werden müssen. Solche „auxotrophen" Mikroorganismen sind ein Sonderfall. Sie sind das Ergebnis einer (Anpassungs-)Mutation. Infolge eines evolutionären genetischen Defektes ist es bei ihnen zum Ausfall einer Syntheseleistung, z. B. der eines Enzyms, gekommen. Unter den wirtsspezifischen, krankheitserregenden Mikroorganismen werden solche „Minusvarianten" häufig angetroffen. Bei einem Teil von ihnen ist die Art der erforderlichen „Wachstumsfaktoren" nicht bekannt, und sie bedürfen zu ihrer Kultivierung der Zuführung komplexer biologischer Substrate, wie Serum, Blut, Fleisch- oder Hefextrakte u. a. Ein allgemeingültiges regulatorisches Prinzip ist jedenfalls im Bedarf an solchen „Wachstumsfaktoren" nicht zu entdecken.

Die *Kontrolle der Vermehrung* von Mikroorganismen liegt auf anderem Gebiet. Im Gegensatz zur tierischen Zelle, die sich im Organismus ständig in einem nutritiv optimalen Milieu befindet und zur Vermeidung eines hierdurch möglichen uneingeschränkten Wachstums der Einbindung in Regulationsmechanismen mit stimulierenden und hemmenden Signalen bedarf, existiert die Mikroorganismenzelle als selbständige Einheit und ist wechselnden Umweltbedingungen ausgesetzt. Die Regulation ihrer Vermehrung realisiert sich in der komplexen Wechselwirkung mit ihrer unmittelbaren Umwelt. Solange diese die der inneren Beschaffenheit der Mikroorganismenzelle adäquaten chemischen und physikalischen Bedingungen erfüllt, ist die Vermehrung gewährleistet. Im Ergebnis ihrer Vermehrung trägt die Mikroorganismenpopulation zu einer für sie selbst nachteiligen Veränderung der Umweltbedingungen bei: Nährstoffentzug aus dem Milieu und Anreicherung ausgeschiedener Stoffwechselprodukte im Milieu haben beim Überschreiten tolerierbarer Grenzwerte eine hemmende Rückwirkung.

Dies läßt sich überzeugend im Reagenzglas zeigen. Hier, in einem flüssigen, optimal zusammengesetzten Nährsubstrat, ist z. B. die eingebrachte Bakterienzelle den komplexen Wechselwirkungen des natürlichen Milieus entzogen. Sie befindet sich in einem geschlossenen System, dem weder Nährstoffe zugeführt noch Stoffwechselprodukte entnommen werden. In solch einer statischen Kultur herrschen allein auf Grund der vielfältigen Stoffwechselvorgänge zu jedem Augenblick andere Verhältnisse. Sie wirken sich zunehmend nachteilig aus, so daß die anfangs optimalen Bedingungen, die eine maximale logarithmische Vermehrung der Bakterienzellen zuließen, sich allmählich immer stärker umkehren und hemmend auf die Zellteilung und später sogar abtötend auf die inzwischen entstandene Bakterienpopulation wirken (Abb. 2). Der eigentliche Grund hierfür ist der eintretende Mangel meistens an einem bestimmten Nährstoff und/oder die immer stärkere Anreicherung ausgeschiedener Stoffwechselprodukte. Durch das Absterben und den Zerfall von Bakterien werden zudem Zellinhaltsstoffe mit enzymatischer oder toxischer Wirkung frei, die die noch vitalen Zellen einer zusätzlichen Belastung aussetzen.

Demzufolge schiebt die Mikroorganismenpopulation ihrem uneingeschränkten Wachstum selbstregulatorisch den Riegel vor. Das ist der Grund, warum die eingangs aufgemachte Rechnung (glücklicherweise!) nicht aufgeht.

Hinzu kommt, daß unter natürlichen Bedingungen Mikroorganismen unterschiedlicher Eigenschaften, Spezialisierung und Anpassungsgrade sich begegnen. Viele von ihnen stehen antagonistisch zueinander, indem sie sich gegenseitig die Vermehrungsvoraussetzungen entziehen oder sogar spezifische, antibiotisch wirkende Synthesestoffe abgeben, mit denen sie ihre Konkurrenten hemmen oder abtöten.

Wir halten fest: Die Regulation des Wachstums von Mikroorganismen vollzieht sich in den Wechselwirkungen zwischen Einzelzelle bzw. Zellpopulation und Umwelt. Das Wachstum der Population setzt bei ausreichenden Nährstoff- und Milieubedingungen ein und wird durch Nährstoffverarmung und/oder Anreicherung von Stoffwechselprodukten begrenzt. Nicht zu unterschätzen ist zudem der hemmende Einfluß spezifischer mikrobieller Syntheseprodukte, wie der Antibiotika und Bacteriocine. Das breite Spek-

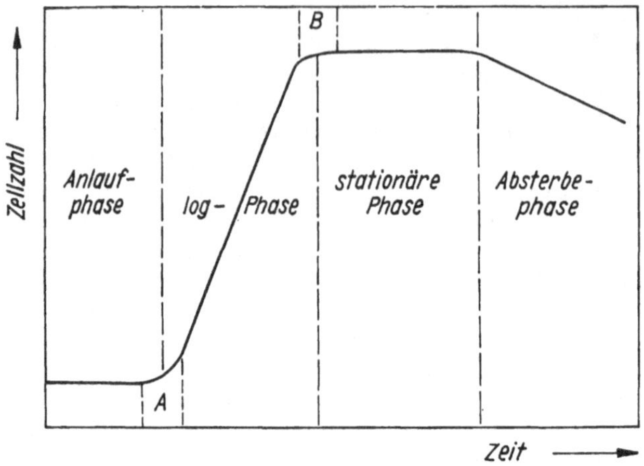

Abb. 2. Wachstum einer Mikroorganismenpopulation in einer statischen Kultur als Funktion der Zeit (Wachstumskurve). Nach einer Anlaufphase (Latenz-, lag-Phase), während der sich die Mikroorganismenzelle an die Kulturbedingungen anpaßt, beginnt mit einer kurzen Beschleunigungsphase (A) die Phase des logarithmischen Wachstums. In dieser Phase nimmt der Logarithmus der Zellzahl annähernd linear mit der Zeit zu, d. h. die Wachstumsgeschwindigkeit ist konstant und maximal. Infolge stoffwechselbedingter, zunehmend nachteiliger Beschaffenheit des Milieus wird das Wachstum gedrosselt: Eine kurze Verzögerungsphase (B) leitet in die stationäre Phase über, bis schließlich die Absterbephase folgt. Siehe auch Abb. 17.

trum unterschiedlicher Mikroorganismengruppen bedingt unter natürlichen Bedingungen eine ausgewogene Balance mikrobieller Wachstumsprozesse im Ökosystem.

Regulatorische Adaptationsmechanismen, auf die hier nicht eingegangen werden kann, ermöglichen zumindest den Bakterien, sich auf ein andersgeartetes Nährstoffangebot in genetisch festgelegten Grenzen durch induktive Umschaltung der Enzymsynthese einzustellen. Auf diese Weise können sie die ihre Existenz bedrohenden qualitativen Nährstoffmangelsituationen teilweise überwinden und sich einen zeitweisen Überlebensvorteil gegenüber anderen Mikroorganismen verschaffen. Sie entgehen dadurch aber nur vorübergehend dem allgemeingültigen regulatorischen Hemmungsprinzip des mikrobiellen Wachstums.

II. Wachstumsregulation des pflanzlichen Organismus

1. Das Wachstum

Das Wachstum der Pflanze ist das sichtbare Ergebnis der Dynamik einer großen Zahl ineinandergreifender biochemischer Prozesse, derer sich die Pflanze bedient, um die aus der Umwelt aufgenommenen einfachen anorganischen Stoffe in teilweise sehr komplizierte organische Verbindungen umzuwandeln mit dem Ziel, die Voraussetzung für ihren Aufbau aus eigener, spezifischer Substanz zu schaffen. Auf diese Weise produzieren die Pflanzen aljährlich riesige Stoffmengen, mit denen sie direkt oder indirekt alles Leben auf der Erde ermöglichen.

Die Größenzunahme pflanzlicher Organe sowie das Wachstum der Pflanze überhaupt vollziehen sich auf der Ebene ihrer Bausteine, der pflanzlichen Zellen. Sie sind die Produktionsstätten der lebenden Substanz und das Triebwerk für den Wachstumsprozeß.

1.1. Das Wachstum der Zelle

Bei pflanzlichen Zellen kann man das Wachstum in drei Stadien untergliedern: Zellteilung, Plasmawachstum und Zellstrekkung.

Der *Zellteilungsvorgang* wird als bekannt vorausgesetzt und deshalb hier nicht besprochen. Hinsichtlich des pflanzlichen Zellzyklus gilt das bei den tierischen Zellen Dargelegte (S. 59) in sinngemäßer Weise.

Das *Plasmawachstum* läßt sich vom Zellteilungsvorgang nur formal trennen. Es handelt sich bei ihm um ein Stadium außerordentlich starker Biosynthese lebender Substanz, das bereits in der Endphase der Zellteilung beginnt. Durch Aktivierung der DNA-Synthese im Zellkern und der molekularen Nachfolgeprozesse bis zur Proteinsynthese wird eine Zubildung des Protoplasmas und aller in ihm enthaltenen Organellen und Funktionsstoffe erreicht, ohne daß sich das Volumen der Zelle wesentlich vergrößert. Zum Zeitpunkt des Abschlusses des Plasmawachstums entspricht die neugebildete Zelle in der quantitativen und qualitativen Zusammensetzung ihres Zytoplasmas der Mutterzelle.

Teilung und Plasmawachstum der Zellen finden bevorzugt im Meristem, der Embryonalzone der Pflanze, statt. Die hier gelegenen Zellen sind auf Grund ihres embryonalen Charakters zu ständig wiederholter Teilung befähigt. Die Mehrzahl der neugebildeten Zellen unterliegt nachfolgend dem Streckungswachstum und wird hierdurch Bestandteil des Dauergewebes, das sich differenziert, d. h. auf bestimmte Funktionen spezialisiert, und dabei die Teilungsfähigkeit seiner Zellen einbüßt.

Die Zellstreckung oder das *Streckungswachstum* ist eine in Längsrichtung erfolgende Volumenzunahme der Zelle auf das 10 bis 50fache der Ausgangsgröße (Abb. 3). Dieser Vorgang existiert

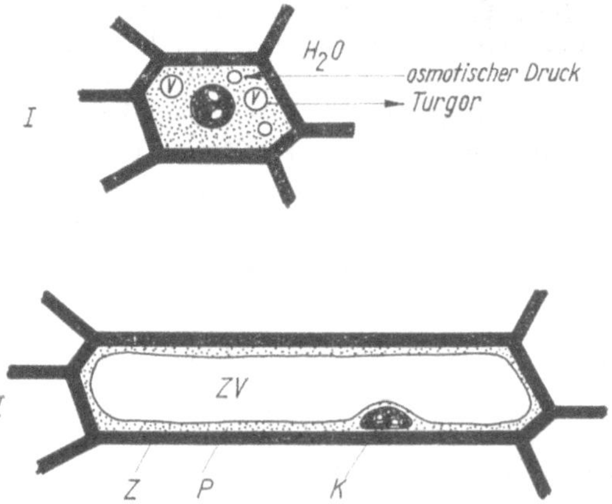

Abb. 3. Eine pflanzliche Zelle vor (I) und nach dem Streckungswachstum (II). Osmotische Wasseraufnahme führt zur Erhöhung des Turgors, der eine elastische Verformung der Zelle in der Längsrichtung hervorruft. Durch Zubildung von Zellwandsubstanz wird die reversible elastische Verformung in eine irreversible plastische übergeführt. Z = Zellwand; P = Protoplasma; K = Kern; V = Vakuole; ZV = Zentralvakuole

in dieser Form bei der tierischen Zelle nicht. Er setzt nach beendeter Zytoplasmazubildung als zeitlich getrennter Prozeß ein und verläuft mit hoher Intensität. Auf osmotischem Wege kommt es zu einem starken Einstrom von Wasser durch die halbdurchlässige Zellwand in das Zellinnere und infolgedessen zu einem kontinuierlich zunehmenden Innendruck (Turgor), der gegen die Zellwand gerichtet ist und sie ausdehnt. Durch Zubildung von Zellwandsubstanz und dadurch erreichter Erweiterung des Zellinnenraumes versucht die Zelle, den Turgor herabzusetzen. Sie erhöht und beschleunigt zu diesem Zweck die Biosynthese von Polysacchariden, insbesondere von Zellulose, der anteilmäßig stärksten Komponente der Zellwand. Die anfangs elastische Verformung der Zelle wird durch strukturelle Umlagerungen und durch Einbau fadenförmig aneinander gereihter Zellulosemoleküle in die Zellwand zu einer dauerhaften plastischen Verformung. In solchen Zellen wird das Zellinnere von einer großen Zentralvakuole, die mit Wasser gefüllt ist, eingenommen, und das Protoplasma ist auf periphere Randzonen zurückgedrängt (Abb. 3).

Das sichtbare Wachstum der Pflanze ist ausschließlich das Ergebnis des Streckungswachstums ihrer Zellen. Der Vorgang läuft unter Umständen mit beachtlicher Geschwindigkeit ab. Schaftverlängerungen von rund einem Meter pro Tag bei tropischen Bambusarten vermitteln hiervon eine Vorstellung. Staubfäden vermögen sich auf gleiche Weise um 2,5 mm pro Minute zu verlängern. Bei einigen pflanzlichen Zellen geht das Streckungswachstum nur von einem Zellpol aus, z. B. bei Pilzhyphen und den Zellen der Wurzelhaare.

1.2. Das Wachstum der Organe

Im Unterschied zum tierischen Organismus ist die Pflanze auf Grund des Besitzes von *embryonalen Zonen* in die Lage versetzt, während ihrer gesamten Lebenszeit komplette Organe bilden zu können. Derartige Wachstumszonen, die von embryonalen Zellen gebildet werden, sind an der Spitze wachsender Organe und an der Blattbasis sowie an bestimmten Abschnitten des Halmes (von Gräsern) anzutreffen. Sie zeichnen sich durch intensive Stoffwechselleistungen und durch hohen Energieverbrauch aus. Werden Pflanzenteile mit Wachstumszonen unter in vitro-Bedingungen auf der Oberfläche von geeigneten Nährmedien kultiviert, so vermögen sie das Auswachsen und die Entwicklung ganzer Organe zu vollbringen, etwa von Blättern. Aus den Wachstumszonen isolierter Sproßspitzen gehen sogar bei optimaler Zusammensetzung des Nährmediums komplette Pflanzen hervor!

Das Wachstum pflanzlicher Organe verläuft nicht kontinuierlich, sondern in Schüben. Es ist von äußeren Einflußfaktoren, wie Licht und Temperatur, abhängig, die natürlicherweise rhythmische Schwankungen bedingen. Aber auch über längere Zeiträume beobachtet, nimmt der *Wachstumsprozeß eines Organs*, etwa eines Blattes, bis zu seiner Vollendung einen unterschiedlich intensiven Verlauf, und zwar sowohl unter natürlichen Bedingungen als auch in der Zellkultur. Einer Anfangsphase mit langsamen, allmählich an Geschwindigkeit zunehmendem Wachstum folgt eine Phase maximaler Wachstumsintensität mit unterschiedlicher, von der Art des Organs und der Pflanze abhängigen Dauer. An diese schließt sich eine Phase mit abnehmender Wachstumsgeschwindigkeit an, bis letztlich mit dem Zeitpunkt der vollständigen Ausbildung des Organs das Wachstum vollkommen eingestellt wird. Diese einzelnen Phasen, chronologisch aneinandergereiht, ergeben einen sigmoiden Kurvenverlauf, der mit den Wachstumskurven der Mikroorganismenpopulationen (Abb. 2) und isolierter tierischer Zellen unter in vitro-Bedingungen (Abb. 17, S. 60) vergleichbar ist. Demgegenüber zeigen Pflanzenteile mit unbegrenztem Wachstum, wie Sproß- und Wurzelspitzen, auch über große Zeitspannen ein gleichbleibend intensives Wachstumsverhalten ohne die für Organe mit Wachstumsbegrenzung charakteristischen Schwankungen.

2. Regulatoren des Wachstums

Das Wachstum der Pflanze — wie das aller Lebewesen — ist mit artcharakteristischer Eigentümlichkeit im genetischen Material determiniert, d. h. vorbestimmt. Seine Steuerung im Rahmen der genetisch fixierten Grenzen erfolgt durch wachstumsregulierende Faktoren. Diese sind erforderlich, weil im Unterschied zu den einzelligen Mikroorganismen die Pflanze als vielzelliger Organismus für ihr geordnetes Wachstum einer Koordination bedarf, die die notwendige Zahl und Art von Zellen für den jeweiligen Wachstumsprozeß festlegt.

Zu diesen Faktoren zählen Licht und Temperatur als physikalische und sogenannte Phytohormone als chemische Regulatoren (Abb. 4).

Licht und Temperatur sind äußere Faktoren. Sie vermögen Wachstumseffekte auf zwei verschiedenen Wegen auszulösen. Erstens steigern sie für die Dauer ihrer Einwirkung und in bestimmten Grenzen proportional zu ihrer Intensitätszunahme und Einwirkungszeit den Energiestoffwechsel der Pflanze und damit sekundär alle körpersubstanzaufbauenden (anabolischen) Stoffwechselprozesse, die zugleich Grundvorgänge für das Wachstum sind (direkter

Weg). Zweitens stoßen sie durch Herstellung optimaler Bedingungen bestimmte enzymatische Initialreaktionen an, denen eine Kette biochemischer Prozesse nachfolgt, die bis zum Ende durchlaufen wird, selbst wenn der auslösende physikalische Faktor bereits wieder die Wirkungsschwelle unterschritten hat (indirekter

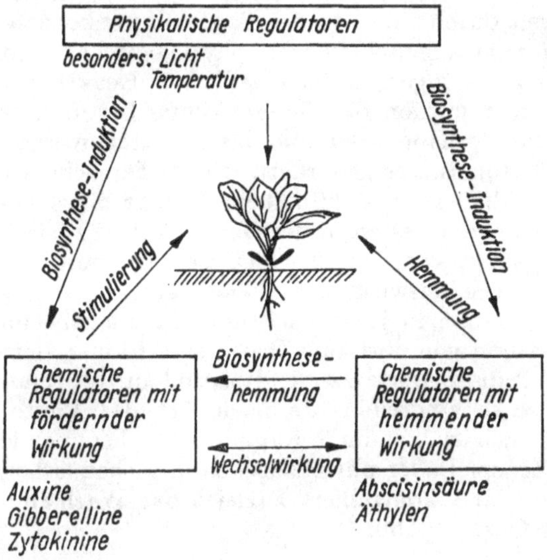

Abb. 4. Regulationsschema des Pflanzenwachstums

Weg). Die Erklärung hierfür liegt darin, daß in die Prozeßkette Biosynthesen wichtiger chemischer Stoffe, wie z. B. der Phytohormone, einbezogen sind, welche nach ihrer Freisetzung die ihnen obliegende wachstumsregulierende Funktion auch ohne Fortbestehen des physikalischen Induktors erfüllen. Ein Beispiel für einen solchen induktiven Vorgang ist die Auslösung des Blütenwachstums bzw. der Blütenbildung durch Licht.

Phytohormone sind chemische Signale, die im Innern der Pflanze gebildet werden (endogene Faktoren). Sie sind organische Verbindungen unterschiedlicher Struktur. Wie auch für die Hormone des tierischen Organismus charakteristisch, genügen außerordentlich geringe Mengen von ihnen, um regulatorische Funktionen auszuüben. Für das Wachstum pflanzlicher Organe und der gesamten Pflanze sind sie unerläßlich.

Im Unterschied zu den tierischen Hormonen, die hinsichtlich ihres Angriffspunktes im allgemeinen auf ein bestimmtes Organ spezialisiert sind, besitzen die Phytohormone eine vergleichsweise geringe Wirkungsspezifität, indem sie zur Auslösung ganz verschiedenartiger biologischer Effekte beitragen. Eine letztlich doch klare biologische Antwort in Form des harmonischen Wachstums der Pflanze wird erzielt durch eine von der Phytohormonkonzentration (Abb. 6) und vom augenblicklichen physiologischen und Entwicklungszustand abhängigen, unterschiedlichen Reaktivität der Pflanzenteile. Zudem werden für die Auslösung bestimmter Wachstumsprozesse das Vorhandensein und das Zusammenwirken verschiedenartiger Phytohormone gefordert. Diese Tatsache ist der Grund dafür, daß die exogene, künstliche Zufuhr eines bestimmten Phytohormons, am besten in der Gewebekultur zu verwirklichen, in Abhängigkeit von den aktuellen Bedingungen mitunter ganz unterschiedliche Auswirkungen haben kann.

Die Phytohormone werden in jeweils bestimmten pflanzlichen Geweben synthetisiert und von dort zum Ort ihrer Wirkung, dem Zielgewebe (Target), transportiert, wo sie steuernd in die zellulären Wachstumsprozesse eingreifen. Je nach Art des Phytohormons handelt es sich dabei um fördernde oder hemmende Effekte. Das Zusammenspiel aller physikalischen und chemischen Regulatoren garantiert und kontrolliert zugleich das Wachstum der Pflanze und ihrer Organe (Abb. 4).

2.1. Phytohormone mit wachstumsfördernder Wirkung

Das Kriterium für die Zuordnung von Phytohormonen zu den „Wuchsstoffen" ist die Förderung der Zellteilung und/oder der Zellstreckung. Die wichtigsten derartigen Phytohormone bilden drei Klassen: *Auxine, Gibberelline* und *Zytokinine.*

2.1.1. Die Auxine

2.1.1.1. Chemische Struktur und Biosyntheseort

Das natürlich vorkommende Auxin ist die Indol-3-essigsäure (IES). Ihre *Struktur* war der Ausgangspunkt für die Gewinnung synthetischer Verbindungen mit Auxinwirkung, wie der Indol-3-

buttersäure, Naphthyl-1-essigsäure und 2,4-Dichlorphenoxyessigsäure.

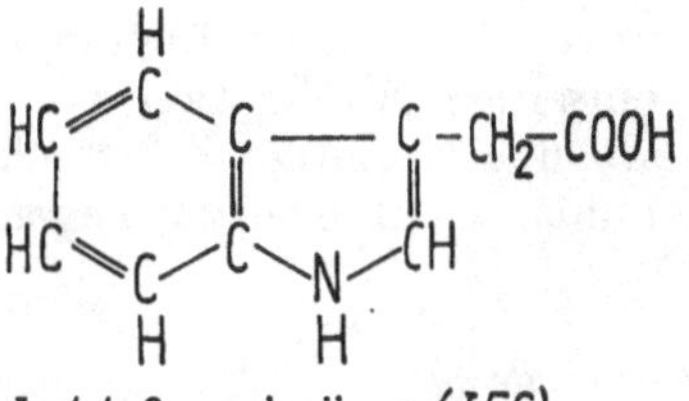

Indol-3-essigsäure (IES)

In der Pflanze kommt eine Reihe von Indolderivaten vor, die Vorstufen der IES-Biosynthese sind: Indol-3-acetaldehyd (Erbsenkeimlinge), Indol-3-acetonitril (Kohlarten), Indol-3-brenztraubensäure (Mais-Endosperm) u. a. Ihre exogene Zuführung wird deshalb von der Pflanze ebenfalls mit Wachstum beantwortet.

Biosyntheseorte für IES sind stark wachsende Pflanzenteile, vor allem Sproßspitzen und junge Laub- und Keimblätter. Die Biosynthese erfolgt in drei Schritten aus der Aminosäure Tryptophan. Andere Gewebe, wie das Nährgewebe des Samenkorns (Endosperm), fungieren als Auxinspeicher. Auch in Pollen lassen sich größere Mengen nachweisen.

IES wird von der Sproßspitze, in der sie gebildet wird, zur Sproßbasis, wo sie ihre Wirkung entfaltet, transportiert. Dies geschieht aktiv, d. h. unter Energieverbrauch, wobei bestimmte Trägerproteine einbezogen sind. Die Transportgeschwindigkeit beträgt bis zu 185 mm/Stunde und ist demnach recht hoch.

Ein peripher gerichteter Transport der IES findet nur ausnahmsweise in bestimmten Pflanzenteilen statt, so in den Wurzelspitzen. Die inaktiven, indolhaltigen Synthesevorstufen der IES werden indessen grundsätzlich in beide Richtungen transportiert.

2.1.1.2. *Biologische Wirkungen*

Die *charakteristische Wirkung* der Auxine besteht in der Herbeiführung der Zellstreckung (Streckungswachstum) (Abb. 3). Sie erhöhen die Dehnbarkeit und Durchlässigkeit der Zellwand, intensivieren den Stoffwechsel für die Neusynthese von Zellwandsubstanz und beeinflussen das Quellungsvermögen der Zellwandbestandteile. Zudem gehört die Förderung des Wassereinströmens in die Zelle zu ihren Funktionen.

Die Wirkung der Auxine auf das Streckungswachstum der Pflanze läßt sich mittels des Haferkrümmungstestes eindrucksvoll nachweisen. Die einseitige Applikation von wirksamen Auxinkonzentrationen hat eine einseitige Zellstreckung und hierdurch bedingt die Krümmung des Halmes zur gegenüberliegenden Seite zur Folge (Abb. 5).

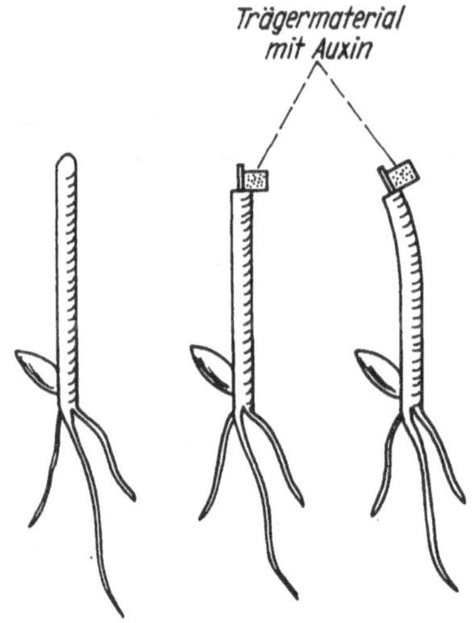

Abb. 5. Biologischer Nachweis der Auxinwirkung. Die Spitze des Haferkeims wird entfernt, das enthaltene Primärblatt entfaltet und entfernt und ein auxingetränktes Trägermaterial einseitig auf die Schnittfläche gelegt. Durch induziertes Streckungswachstum der Zellen auf der Auxinzuführungsseite des Haferkeims wird dessen Krümmung zur gegenüberliegenden Seite verursacht. Die Krümmungsstärke ist ein Maß der Auxinkonzentration. (Nach LIBBERT).

Die Bioassays weisen nicht immer eindeutige Dosis-Wirkungsbeziehungen aus. Der Grund hierfür ist, daß das Streckungswachstum zusätzlich von anderen endogenen Regulatoren, insbesondere von den Gibberellinen (S. 28), kontrolliert wird.

Die Wirkung der Auxine beschränkt sich nicht auf die Zellstrekkung, sondern sie ist vielfältig. So werden u. a. die Zellen des Kambiums, eines zwischen Holz und Bast der Gehölze gelegenen

Teilungsgewebes, zur Vermehrung angeregt. Hieraus resultiert das Dickenwachstum der Gehölze.

Die Auxine besitzen in Abhängigkeit von ihrer Konzentration verschiedenartige Wirkungseffekte. Ursache hierfür ist die *unterschiedliche Ansprechbarkeit* einzelner Pflanzenteile durch gleiche Auxinkonzentrationen. So weisen beispielsweise die Sprosse die geringste, die Knospen eine etwas stärkere und die Wurzeln die höchste Empfindlichkeit auf (Abb. 6). Auf diese Weise können

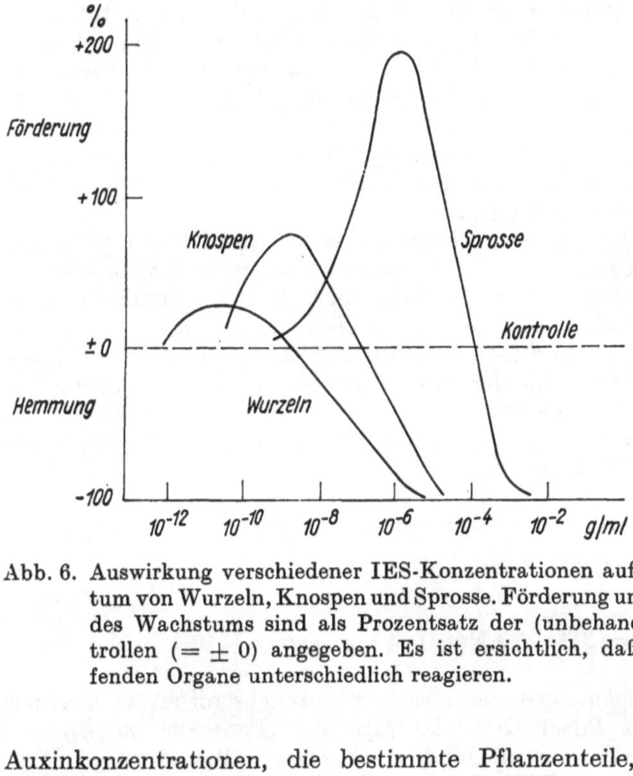

Abb. 6. Auswirkung verschiedener IES-Konzentrationen auf das Wachstum von Wurzeln, Knospen und Sprosse. Förderung und Hemmung des Wachstums sind als Prozentsatz der (unbehandelten) Kontrollen ($= \pm 0$) angegeben. Es ist ersichtlich, daß die betreffenden Organe unterschiedlich reagieren.

Auxinkonzentrationen, die bestimmte Pflanzenteile, etwa das Sproßwachstum, optimal stimulieren, andere Pflanzenteile, wie die Wurzeln, in ihrem Wachstum völlig hemmen. Die wachstumshemmende Wirkung physiologischer Auxinkonzentrationen spielt eine wichtige Rolle beim sogenannten Geotropismus, d. h. bei der Art und Weise, wie die verschiedenen Pflanzenorgane auf den Schwerereiz reagieren.

Die Auxine sind auch ein wichtiger Faktor innerhalb der wechselseitigen Beziehungen der einzelnen Pflanzenteile untereinander. Wird beispielsweise von einem Trieb die auxinspendende Endknospe entfernt, so treiben die Seitenknospen aus. Wird Auxin exogen über die Schnittfläche zugeführt, so verbleiben die Seitenknospen in Ruhe. Die Hemmwirkung des Auxins läßt sich demnach durch künstliche Zufuhr entsprechender Mengen nachvollziehen.

Schließlich vermögen die Auxine die *Bildung besonderer Gewebe* oder ganzer Organe anzuregen, z. B. die Ausbildung von Adventiv- und Seitenwurzeln. Den Effekt auf das Wurzelwachstum schlechthin macht man sich für die Beschleunigung der Stecklingsbewurzelung in der gärtnerischen Praxis zunutze, indem man die Stecklinge in auxinhaltige Lösungen einstellt. Allerdings können Auxine (und die anderen Phytohormone) nur solche Wachstumsprozesse auslösen, für die die Pflanze auf Grund ihres Genmusters die physiologischen Voraussetzungen besitzt.

Aus Struktur-Wirkungsanalysen wird hypothetisch gefolgert, daß die biologischen Effekte durch gleichzeitige Besetzung von zwei Bindungsstellen eines Rezeptorproteins (S. 47ff.) durch das IES-Molekül bewirkt werden (*Zweipunktbindungshypothese*). Antiauxine sind chemische Verbindungen, die auf Grund ihrer teilweise abweichenden Struktur die Auxine aus ihren Bindungsstellen verdrängen und diese blockieren, ohne aber eine Wirkaktivität zu besitzen; demzufolge bleibt die Effektuierung (S. 47), d. h. die biologische Wirkung, aus.

2.1.2. Die Gibberelline

2.1.2.1. Chemische Struktur und Vorkommen

Die *Bezeichnung* dieser Klasse von Wuchsstoffen ist aus dem Namen des Pilzes *Gibberella fujikuroi* (*Fusarium moniliforme*) abgeleitet, der eine in Japan verbreitete, „Bakanae" genannte Krankheit der Reispflanzen hervorruft. Als Ursache der bei dieser Krankheit zu beobachtenden Verlängerung der Reispflanzen wurde ein chemischer, vom betreffenden Pilz produzierter Stoff erkannt, der bereits 1938 von den japanischen Chemikern YABUTA und SUMIKI kristallin gewonnen werden konnte und Gibberellin genannt wurde. Die Forschung, die ab 1950 auch in Europa und den USA aufgenommen wurde, förderte weitere Vertreter dieser Stoffklasse aus Pilzen und höheren Pflanzen zutage.

Die Gibberelline sind *Diterpenoide*, d. h. tetracyclische, aus zwei Sechs- und zwei Fünfringen bestehende, organische Verbindungen, unter denen die Gibberellinsäure die biologisch aktivste

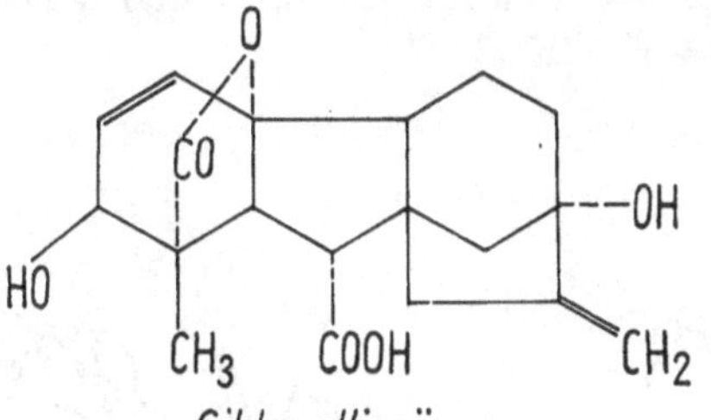

Gibberellinsäure

ist. Insgesamt sind mehr als 60 Verbindungen mit dem „Gibberellan-Skelett" aus Pilzen und höheren Pflanzen isoliert worden. Es ist nicht ausgeschlossen, daß einige von ihnen Vorstufen anderer darstellen.

Gibberelline lassen sich in den Pflanzen vor allem im Sproß, insbesondere in den jungen Keimblättern und im Samen bzw. in den wachsenden Embryonen nachweisen. In den Blättern und Wurzeln werden sie von der Spitze zur Basis transportiert.

2.1.2.2. Biologische Wirkungen

Die Wirkungen der Gibberelline sind wie die der Auxine vielfältig, aber *hauptsächlich* auf das *Streckungswachstum* und — zumindest bei Kambiumzellen — auf die Zellteilung gerichtet. Die mit Gibberellinsäure versorgten Pflanzen zeigen ein besonders auffälliges Längenwachstum (Abb. 7).

Weitere Effekte sind: Einschränkung der Wurzelbildung, Vorverlegung des Blütenbeginns und Verringerung des Fruchtansatzes und des -ertrages (zugunsten des Wachstums). Jedoch können die einzelnen Pflanzenarten und selbst verschiedene Sorten sehr unterschiedlich auf die exogene Gibberellinzufuhr reagieren.

Gibberellinzuführung vermag den Kältereiz teilweise zu ersetzen, den zweijährige Pflanzen benötigen, um Blüten zu treiben. Auf diese Weise lassen sich das Schossen und Blühen in das erste Jahr vorverlegen. Auch eine gewisse Kompensation fehlender Langzeitbelichtung läßt sich durch Gibberelline erreichen. Bemerkenswert ist ferner, daß Samen, die normalerweise Licht zur Keimung benötigen, dies nach Gibberellinbehandlung auch bei Dunkelheit tun. Möglicherweise induzieren äußere physikalische Faktoren, wie Lichtmenge und Kälte, physiologischerweise die Produktion von Gibberellinen in der Pflanze, die die eigentlichen Wirkungsauslöser sind.

Abb. 7. Biologischer Nachweis der Gibberellinwirkung an genetischen Zwergformen, hier von Maispflanzen. Auftropfen unterschiedlicher Mengen der Gibberellinsäure auf das Primärblatt verstärkt konzentrationsabhängig das Wachstum in den genetisch festgelegten Grenzen, d. h. die Größe der Normalpflanze wird nicht erreicht. (In Anlehnung an LIBBERT).

Die Gibberelline steuern diese wichtigen physiologischen Vorgänge zum Teil im *Zusammenwirken mit den Auxinen,* wobei allerdings Einzelheiten des Wirkungsmechanismus nicht bekannt sind. Offenbar verfügt aber die Pflanze über Möglichkeiten, um die Konzentration der beteiligten Phytohormone dem aktuellen Erfordernis anzupassen, und zwar einerseits durch Verstärkung ihrer Biosynthese und andererseits durch Beschleunigung des enzymatischen Abbaus überschüssiger Wirkstoffanteile.

2.1.3. Die Zytokinine

2.1.3.1. Chemische Strukturen und Biosyntheseort

Die Zytokinine sind N-substituierte *Derivate der Purinbase Adenin* (6-Aminopurin) (Abb. 8). Bei den natürlich vorkommenden

Zytokininen ist ein Wasserstoffatom der 6-Aminogruppe durch einen hydroxylierten (= Zeatin) oder nicht hydroxylierten Isopentenylrest (= Isopentenyladenin) ersetzt (Abb. 8). Andere weisen zusätzliche Variationen in der Seitenkette auf. Das Kinetin ist ein 6-Furfuryladenin (6-Furfurylaminopurin) (Abb. 8); es entsteht spontan beim Zerfall isolierter DNA.

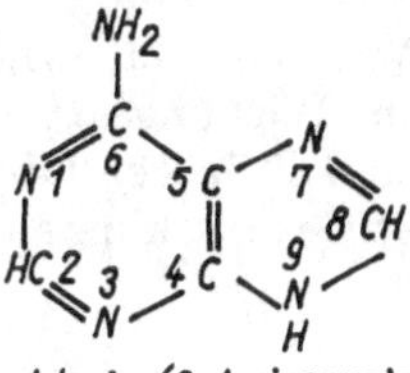

Adenin (6-Aminopurin)

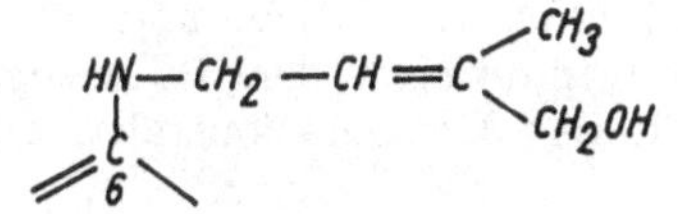

Zeatin

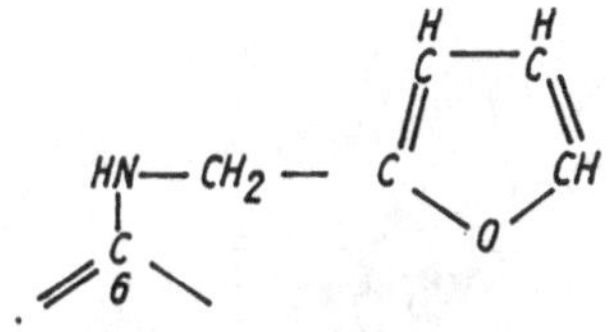

6-Furfuryladenin
(6-Furfurylaminopurin)

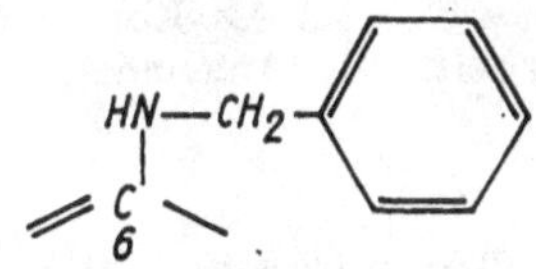

6-Benzylaminopurin
(6-Benzyladenin)

Abb. 8. Natürliche und synthetische Zytokinine. Sie sind Derivate der Purinbase Adenin.

Synthetische Zytokinine tragen unterschiedliche Substituentengruppen. Als Vertreter sei das 6-Benzylaminopurin (6-Benzyladenin) erwähnt (Abb. 8).

Ribonukleoside und Ribonukleotide des Adenins kommen als Vorstufen der Zytokinine in Betracht. Im Fall der ersten Verbindung ist Adenin N-glykosidisch mit dem Monosaccharid D-Ribose, im Fall der zweiten Verbindung zusätzlich mit Phosphorsäure verknüpft.

Die natürlichen Zytokinine werden in den Wurzelspitzen synthetisiert und im Transpirationsstrom zu den Wirkungsorten transportiert. Ihr Vorhandensein in den Samen und Früchten läßt vermuten, daß die Zytokinine auch dort gebildet werden können.

2.1.3.2. *Biologische Wirkungen*

Die Zytokinine stimulieren vornehmlich die DNA- und Protein-Synthese pflanzlicher Zellen und induzieren deren *Teilung.* Sie sind demnach wirkungsgleich mit den Proliferationsfaktoren tierischer Zellen (Abschnitt 3.).

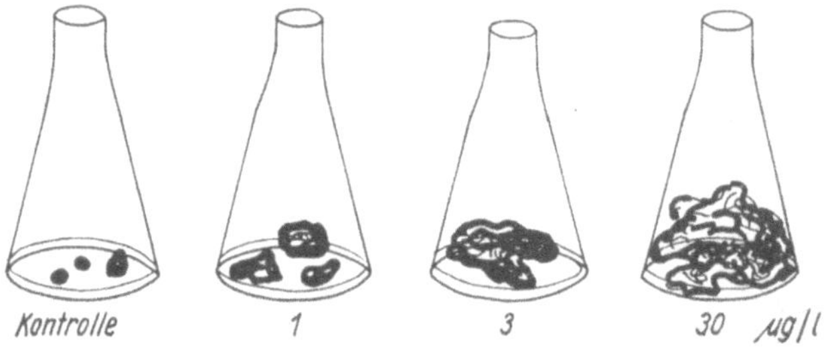

Abb. 9. Biologischer Nachweis der Zytokininwirkung. Zusatz von Kinetin zum Nährmedium verursacht eine konzentrationsabhängige Massezunahme des Markparenchyms des Tabaks. Als Kontrolle dienen Gewebekulturen ohne Kinetinzusatz. (In Anlehnung an LIBBERT).

Ihre Wirkung ist am besten in Gewebekulturen isolierter Pflanzenteile, beispielsweise des Tabakmarks, nachweisbar (Abb. 9). Die Massezunahme derartig kultivierten Gewebes steht in eindeutiger Beziehung zur Konzentration des Zytokinins im Nährmedium. Kombination des Zytokinins z. B. mit einem Auxin, etwa der IES, vermag zur Verstärkung der proliferativen Zytokininwirkung zu führen. Außer der Massezunahme können auch der Zuwachs an Blattscheiben oder ihr Chlorophyllgehalt als quantitatives Maß für die Wirkung benutzt werden.

Da die Zytokininwirkung zugleich in einer *Hemmung des RNA- und Proteinabbaus* besteht, wird der Alterungsvorgang der Gewebe verzögert und nicht selten deren Widerstandskraft gegenüber äußeren ungünstigen Bedingungen erhöht.

Weitere Wirkungen der Zytokinine bestehen in der *Förderung der Sproßbildung und des Kalluswachstums.* Die Wirkungen auf die betreffenden Pflanzenteile werden durch gleichzeitige Zuführung eines Auxins moduliert, wie sich ebenfalls in Gewebekulturen überzeugend zeigen läßt.

So wird im Fall des Tabaks bei einem Auxin/Kinetin-Verhältnis von 10:1 das Kalluswachstum, bei stärkerer Angleichung der Konzentrationen durch Kinetinzugabe oder Auxinverminderung die Entwicklung beblätterter Sprosse gefördert. Ist das Verhältnis etwa 100:1, dann reagieren bevorzugt Wurzeln mit Wachstum. Es ist deshalb verständlich, daß der Erfolg der in vitro-Kultivierung von Pflanzenteilen nicht nur vom Vorhandensein, sondern auch vom relativen Verhältnis der Phytohormone im Nährmedium abhängig ist.

2.2. *Phytohormone mit wachstumshemmender Wirkung*

Im wesentlichen sind es zwei Verbindungen, die von Interesse sind: die Abscisinsäure und das Äthylen.

2.2.1. *Die Abscisinsäure*

2.2.1.1. *Chemische Struktur und Vorkommen*

Die Abscisinsäure wird von der Pflanze aus Xanthoxin aufgebaut. Sie ist in nahezu allen Pflanzenteilen, wie Stengel, Blätter,

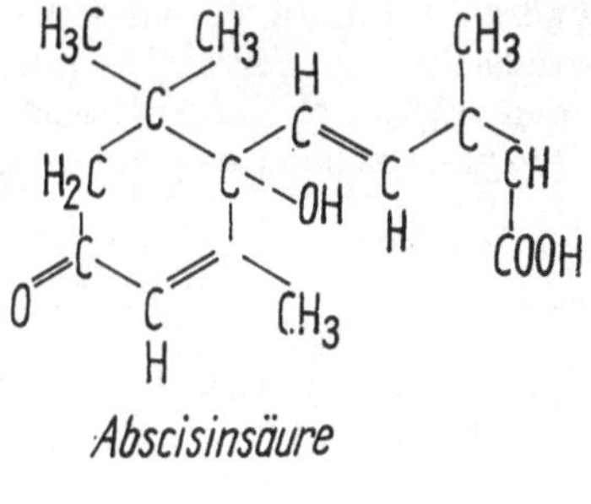

Abscisinsäure

Samen und Wurzelspitzen, nachweisbar. In gealterten Blättern ist sie in besonders reichlicher Menge vertreten. Sie wird hier in den Chloroplasten des Zellplasmas synthetisiert und auf verschiedenen Wegen, unter anderem durch das Parenchym, dem Blattstengel und seiner Ansatzstelle am Zweig zugeführt.

2.2.1.2. Biologische Wirkungen

Die Abscisinsäure ist der wichtigste bisher bekannte *Gegenspieler der wachstumsfördernden Phytohormone* der höheren Pflanze (Abb. 4). Sie hemmt sowohl die Zellteilung als auch die Zellstreckung, eine Wirkung, die sich im Abfallen von Blättern und Früchten offenbart. Ferner führt sie pflanzliche Ruhezustände und -perioden herbei, wie die Samenruhe oder die winterliche Knospenruhe vieler Gehölze.

Bestimmte äußere Faktoren wirken sich in einer verstärkten Bildung der Abscisinsäure in der Pflanze aus. Hierzu gehören die Verkürzung der täglichen Lichteinwirkungszeit (Kurztagbedingungen) und eintretende Trockenheit. Bezüglich der durch Trokkenheit drohenden Konsequenzen für die Pflanze muß es als äußerst sinnvoll angesehen werden, daß eine „Nebenwirkung" der Abscisinsäure im Verschließen der Spaltöffnungen besteht, wodurch zusätzlichen Wasserverlusten vorgebeugt wird.

Der molekulare Wirkungsmechanismus ist noch nicht ausreichend aufgeklärt. Neben eventueller Wirkungsvereitelung wachstumsfördernder Phytohormone an ihren Zielzellen scheint die Abscisinsäure unmittelbar durch Hemmung der Biosynthese dieser Phytohormone wirksam werden zu können, zumindest gilt dies für die Biosynthese von Gibberellinen. Aus der Feststellung, daß die Abscisinsäure ihre hemmende Wirkung in höheren Pflanzen entfaltet und nicht auch z. B. in Algen, läßt sich folgern, daß spezifische Angriffspunkte für sie gegeben sein müssen, die offenbar lediglich in höheren Pflanzen vorhanden sind, vielleicht hier in bestimmten Prozeßschritten der RNA- oder Proteinsynthese. In zellfreien Systemen zeigte sich die Abscisinsäure zur Hemmung verschiedenartiger enzymatischer Reaktionen imstande.

2.2.2. Das Äthylen

Das Äthylen ($CH_2{=}CH_2$) wird von der Pflanze in den Frucht- und Staubblättern sowie in besonders großer Menge in reifenden

Früchten gebildet. Biosynthesevorstufe ist die Aminosäure Methionin.

Zwischen den Auxinen (S. 24) und dem gasförmigen Äthylen bestehen konzentrationsabhängige hemmende und stimulierende Wechselwirkungen. So rufen hohe IES-Konzentrationen eine verstärkte Bildung von Äthylen hervor, wodurch deren hemmende Wirkung teilweise erklärbar wird. Andererseits werden Biosynthese und Transport von IES nach Art eines Rückkopplungsmechanismus durch Äthylen gehemmt.

Der fördernde Einfluß des Äthylens auf die Fruchtreifung — seine hervorstechendste Wirkungskomponente — hat seine biochemische Grundlage offenbar in der Aktivierung hydrolytischer Enzyme.

III. Wachstumsregulation des tierischen Organismus

Im Verlauf der Stammesgeschichte erlangten die Tiere einen immer differenzierteren inneren Aufbau. Die Herausbildung und Entwicklung des Nervensystems entsprach dem dringenden Bedürfnis nach einem Koordinationszentrum, das die individuelle Steuerung der verschiedenartigen hochspezialisierten Organe und Gewebe zu übernehmen in der Lage war. Das Wachstum — bei den Protozoen eine Frage lediglich der Vergrößerung der einzelnen Zelle — bedarf beim hochentwickelten Wirbeltierorganismus mehr noch als bei der Pflanze besonderer Absicherungen, um nicht nur die Proportionen der äußeren Gestalt des Individiums zu wahren, sondern vor allem das für einen geordneten Funktionsablauf notwendige Zusammenspiel der einzelnen Organe in erblich festgelegter Weise zu garantieren.

Beim Säugetier und bei anderen hochentwickelten Wirbeltieren kann man zwei Ebenen der Wachstumsregulation unterscheiden:

- eine übergeordnete zentrale, den gesamten Organismus einbeziehende Regulationsebene. Als Regulatoren fungieren neuronale und humorale Einflüsse, die sich in der Bildung und Freisetzung hormoneller Informationsträger auswirken, welche mit dem Blutstrom in die Körperperipherie gelangen.
- eine periphere Regulationsebene, die neuronalen Einflüssen nicht unterworfen ist, jedoch zentral ausgesandte chemische Informationsträger „anhört“ und einbezieht. Auf dieser Ebene wird die unmittelbare Kontrolle über die Wachstumsvorgänge

der Gewebe und Zellen ausgeübt. An Ort und Stelle gebildete Biofaktoren meist eiweißartiger Natur treten hier als stimulierende oder hemmende Regulatoren in Aktion.

1. Regulation des Wachstums auf Organismusebene

1.1. Das Wachstumshormon

1.1.1. Biosyntheseort und chemische Struktur

Das Wachstumshormon, auch somatotropes Hormon (STH) oder Somatotropin genannt, nimmt eine zentrale Stellung im Wachstumsgeschehen des Organismus ein. Sowohl beim Menschen als auch bei anderen Säugern und sogar bei niederen Wirbeltieren (s. u.) ist es der primäre, allen Wachstumsprozessen übergeordnete Regulator des Körperwachstums. Das STH wird in den azidophilen, d. h. durch saure Farbstoffe darstellbaren Zellen des *Vorderlappens der Hirnanhangdrüse*, der Adenohypophyse, gebildet. 1944 gelang seine Isolierung. Seine *Primärstruktur* wurde als großartige Leistung der Aminosäuresequenzanalytik Anfang der siebziger Jahre durch Li und Mitarbeiter aufgeklärt.

Das Molekül des menschlichen STH besteht aus 191 Aminosäuren und enthält zwei Disulfidbrücken (Abb. 10), die allerdings für die biologische Wirkung nicht relevant zu sein scheinen; denn Reduktionsspaltung der Brücken, z. B. mittels Äthylmerkaptan, verursacht keine Wirkungsminderung. Unter Berücksichtigung der tierartspezifischen Abweichungen kann die relative Molekülmasse des STH mit rund 22000 angegeben werden. Außer bei einer Anzahl von Säugern ist die Primärstruktur des STH auch bei Vertretern der Vögel, Reptilien, Amphibien und Fische bekannt. Vergleiche zwischen den STH-Molekülen verschiedener Tierarten lassen bestimmte Partialsequenzen als biologisch aktive Zentren oder als bevorzugte Bindungsstellen für STH-spezifische Antikörper erkennen (Abb. 10). Abweichungen in der Aminosäuresequenz bzw. -zusammensetzung sind der Grund u. a. für unterschiedliche Stabilitäten gegenüber abbauenden proteolytischen Enzymen. Human-STH erweist sich als sehr widerstandsfähig. Radiochemische und -immunologische Verfahren bedienen sich des mit ^{125}Jod oder ^{131}Jod markierten Hormons und werden zum Nachweis und zur quantitativen Bestimmung des STH eingesetzt.

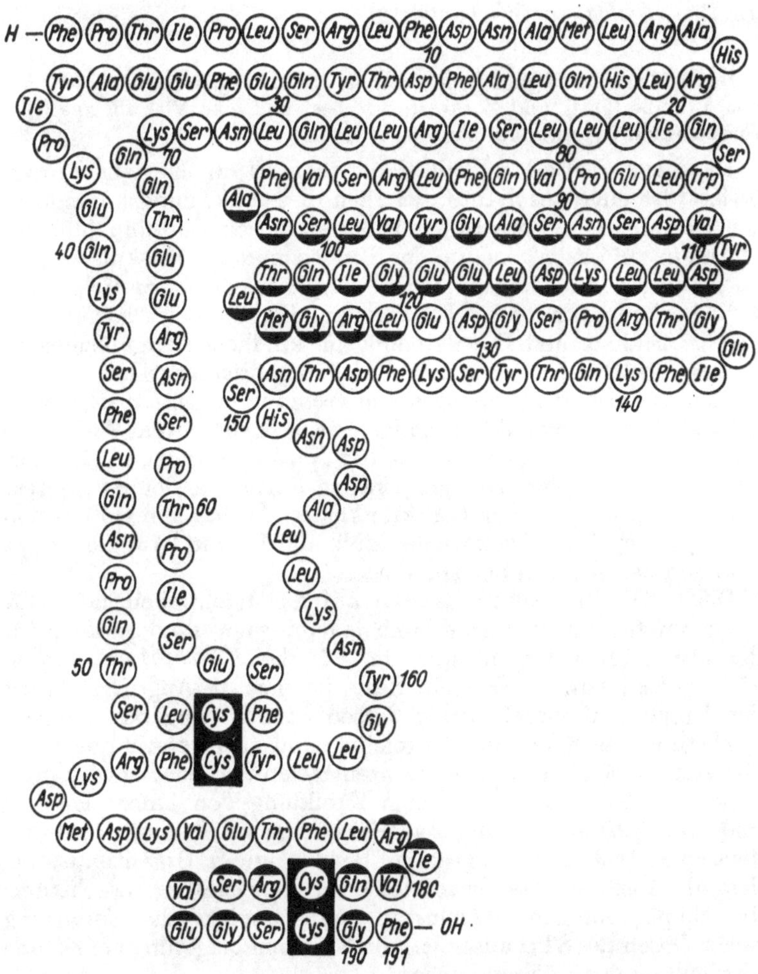

Abb. 10. Strukturmodell des menschlichen STH. Die Partialsequenz 178 bis 190 (◓) bildet das biologisch aktive Zentrum des Moleküls. Die Partialsequenz 98 bis 128 (◒) ist als Antigendeterminante eine bevorzugte Bindungsstelle für STH-spezifische Antikörper.

1.1.2. Biologische Wirkungen

Das biologische Wirkungsspektrum des STH ist umfassend. Es ist auf den Eiweiß-, Fett- und Zuckerstoffwechsel und eine Vielzahl spezieller Gewebe- und Organfunktionen ausgerichtet.

Die *wachstumsauslösende Wirkung* des STH, die hier allein interessiert, ist eine Resultante aus allen diesen Wirkungskomponenten, vor allem aber das Ergebnis der speziellen Einflußnahme des Hormons auf das Wachstum des Skeletts und der Muskulatur. Bei anormalen Abweichungen der Hormonproduktion wird die physiologische Bedeutung des STH offenkundig. So führt seine übermäßige Bildung und Bereitstellung im kindlichen Organismus zu einem überdurchschnittlichen, als Gigantismus bezeichneten Größenwuchs und im erwachsenen (= adulten) Organismus zum Krankheitsbild der Akromegalie, einem bevorzugten Wachstum von Händen, Füßen, des Kinns, der Nase und anderen „Körperspitzen". Umgekehrt hat die operative Entnahme der Hypophyse bei Versuchstieren oder der krankhafte Ausfall ihrer Funktion den hypophysären Zwergwuchs, d. h. die Verminderung oder das Sistieren des Wachstums, zur Folge.

Diese Krankheitsbilder weisen auf die Wichtigkeit des STH nicht nur für den kindlichen und jugendlichen, sondern auch für den erwachsenen Organismus hin. Für das *Knochenwachstum* ist es in jedem Fall unerläßlich. Seine bevorzugte Angriffsstelle ist der Epiphysenknorpel, durch dessen Stimulierung das Längenwachstum des Knochens eingeleitet und aufrechterhalten wird. Dieses ist eine Funktion der Konzentration und der Einwirkungsdauer des STH. Ihm liegt eine Zubildung von Knorpelgewebe und eine Vermehrung der das Knochengewebe unmittelbar bildenden Osteoblasten zugrunde. Beim adulten Organismus, bei dem als Ausdruck des abgeschlossenen Knochenlängenwachstums die Epiphysenfugen geschlossen sind, bewirkt die Zuführung hoher Dosen des STH ausgebreitete Kalziumablagerungen und eine Verdickung der Röhrenknochen.

Trotz intensiver Forschungstätigkeit zum STH ist sein *zellulärer Wirkungsmechanismus* noch unzureichend aufgeklärt. Im Gegensatz zu vielen anderen Hormonen besitzt es mehr oder weniger ausgeprägte Spezies-, aber keine Gewebsspezifität. Demzufolge muß die Realisierung seiner Wirkung innerhalb des Organismus von der Ansprechbarkeit des jeweiligen Gewebes bzw. dessen Zellen abhängen, die ihrerseits genetisch fixiert ist.

Es besteht noch keine Klarheit, ob das STH den unmittelbaren *Wirkungsweg* zur Zielzelle bevorzugt oder hauptsächlich mittelbar wirksam wird bzw. welchen anteilmäßigen Platz beide Wirkungswege unter physiologischen Bedingungen einnehmen (Abb. 11). Diskrepanzen zwischen seiner eindeutigen in vivo-Wirksamkeit und den meist nur weniger stark ausgeprägten Effekten auf isolierte, kultivierte Zellen (S. 54) lassen den unmittelbaren Wirkungsweg als untergeordnet erscheinen.

Daran ändern Einzelmitteilungen nichts, nach denen das komplette STH-Molekül unter in vitro-Bedingungen stimulierend auf den Fettgewebsmetabolismus, die Kaseinsekretion von Milchdrüsenepithel, die Massezunahme der Muskelschicht der Blutgefäße und den Einbau von Thymidin in die DNA (S. 66) der Thymus-, Milchdrüsenepithel- und Pankreasinselzellen wirkt. Außerdem sollen bestimmte unreife Blutzellen und auch T-Lymphozyten, die im Dienst immunologischer Abwehrvorgänge stehen, zur Vermehrung angeregt werden. Der Nachweis von spezifischen Bindungsstellen, sogenannter Rezeptoren (S. 47), auf der Oberfläche von Lymphozyten (Zellinie IM-9) und Thymuszellen und die Tatsache, daß das STH in den obigen Fällen überwiegend bereits in Nanogramm-Dosen wirksam ist, lassen den unmittelbaren Wirkungsweg jedoch als grundsätzlich gegeben gelten.

Gegenwärtig wird die Auffassung vertreten, daß der unmittelbare Wirkungsweg der bedeutungsvollere sei. Hierbei bedient sich das STH spezieller Wirkungsvermittler. Dieser Weg steht in Analogie zur „Arbeitsweise" aller übrigen Hormone der Adenohypophyse, die ihre Wirkung unter Einbeziehung anderer Hormone jeweils bestimmter endokriner Drüsen entfalten. Von ihnen abweichend hat das STH sein Zielgewebe in einem parenchymatösen Organ, der Leber. Hier setzt es die Somatomedine (S. 77ff.) frei, die als die eigentlichen Induktoren der biologischen Effekte an den Geweben und Zellen anzusehen sind (Abb. 11).

Der erste Hinweis auf die *Vermittlerrolle der Somatomedine* ergab sich aus der Beobachtung, daß das STH zwar in vivo das Knochenwachstum fördert, in vitro aber den hierfür notwendigen Einbau von Sulfat in das (Epiphysen-)Knorpelgewebe nicht stimuliert; diese Wirkungskomponente ist aber den Somatomedinen eigen. Darüber hinaus besitzen diese nachweislich Initialwirkungen auf die Zellvermehrung unter in vitro-Bedingungen (S. 78ff.).

Interessant ist, daß ein Fragment des Rinder-STH, und zwar die Teilsequenz 96 bis 133, in der geringen Konzentration von 5×10^{-11} M den Sulfateinbau in das Knorpelgewebe nach Art der Somatomedine fördert, so daß die Frage berechtigt ist, ob die bzw. ob bestimmte Somatomedine nicht auch durch Spaltung des STH entstehen können.

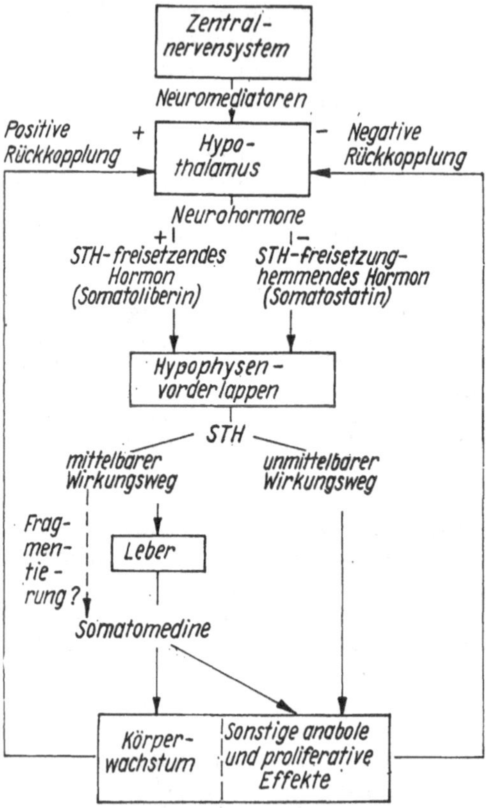

Abb. 11. Regulation der Ausschüttung des STH. Die Anteile des mittelbaren und des unmittelbaren Wirkungsweges an der Realisierung der Gesamtwirkung sind unklar. Der STH-Spiegel in der Peripherie führt bei niedrigem Niveau zu einer positiven, bei hohem Niveau zu einer negativen Rückkopplung zum Regulationszentrum, dem Hypothalamus. Je nach Bedarf wird von diesem die STH-Ausschüttung mittels der zwei Neurohormone Somatoliberin und Somatostatin ausgelöst oder gehemmt.

1.2. *Regulation der Ausschüttung*

Die Freisetzung des STH aus den produzierenden Zellen der Adenohypophyse wird durch zwei Neurohormone reguliert (Abb. 11). Diese werden im Ergebnis der Verarbeitung neuronaler und humoraler Einflußgrößen in den basalen Teilen des Zwischenhirns, dem Hypothalamus, gebildet und aus ihm entlassen. Auf dem direkten Weg der den Hypothalamus mit der Hypophyse verbindenden Portalgefäße gelangen beide Neurohormone zu den STH-synthetisierenden Zellen des Hypophysenvorderlappens.

Die beiden Neurohormone besitzen unterschiedliche regulatorische Funktionen.

Das eine, das *Somatoliberin*, besorgt als STH-freisetzendes Hormon die Ausschüttung des STH durch die Hypophysenzellen. Ob es sich bei ihm tatsächlich um das in Abb. 12 dargestellte Dekapeptid handelt, ist noch nicht endgültig sichergestellt, weil sich sowohl das natürliche als auch das synthetisierte Dekapeptid zumindest bei Ratten als wirkungslos erwiesen. Der eigentliche Signalgeber könnte durchaus eine Teilsequenz dieses Dekapeptids, d. h. ein noch kleineres Molekül, sein, zumal auch andere Freisetzungshormone des Hypothalamus aus nur wenigen Aminosäuren bestehen.

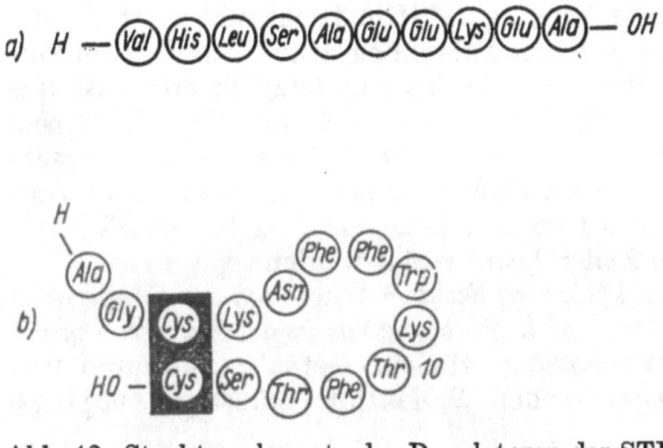

Abb. 12. Strukturschemata der Regulatoren der STH-Ausschüttung.
a) Somatoliberin (mit Vorbehalt); b) Somatostatin.

Ihm wirkt das andere Neurohormon, das *Somatostatin*, entgegen, indem es eine hemmende Wirkung auf die STH-Freisetzung ausübt. Unsere Kenntnisse über dieses Neurohormon sind recht genau.

Es handelt sich bei ihm um ein Tetradekapeptid, d. h. um einen aus 14 Aminosäuren bestehenden Eiweißkörper (Abb. 12). Die Wirkung des Somatostatins ist nicht auf die Hemmung der Sekretion des STH begrenzt. Sein relativ *breites Wirkungsspektrum* auch auf periphere Hormonbildungsstätten unterscheidet es von allen anderen Hypothalamushormonen, deren Wirkung ausschließlich auf die Hypophyse gerichtet ist. So hemmt das Somatostatin zusätzlich die Sekretion der den Kohlenhydratstoffwechsel regulierenden Hormone Insulin und Glukagon sowie bestimmter Gewebshormone des Magendarmtraktes, wie die des Gastrins, das die Salzsäure- und Pepsinogenproduktion im Magen fördert.

Somatostatin inhibiert in allen diesen Fällen den Freisetzungsvorgang der betreffenden Hormone durch die Zelle, nicht deren Biosynthese in der Zelle. Die Folge ist, daß die unter Somatostatineinfluß uneingeschränkt weiterlaufende Hormonproduktion zu einer Anreicherung der das STH enthaltenden Sekretgranula in den azidophilen Hypophysenzellen führt und demzufolge das Abklingen der Somatostatinwirkung mit einer überschießenden STH-Ausschüttung beantwortet wird. Ob dem daraus resultierenden diskontinuierlichen STH-Angebot ein physiologischer Sinn beizumessen ist, muß dahingestellt bleiben.

Wichtig ist zu wissen, daß sich der durch das Somatoliberin und das Somatostatin repräsentierte *Regulationsmechanismus* auf der Bereitstellungsebene des STH vollzieht und nicht auf der Ebene der Wirkungsauslösung bei den Zielzellen, durch deren Vermehrung das Wachstum des Organismus letztlich erst zustande kommt. Auf dieser zellulären Ebene stößt das STH bzw. sein Wirkungsvermittler auf das biologische Phänomen der Ansprechbarkeit der Zielzelle, ein Kontrollmechanismus, der allein die Entscheidung fällt, ob selbst ein ausreichendes Angebot an STH mit der Vermehrung der Zellen beantwortet werden soll.

Der Schlüssel zur Aufklärung der dem Wachstum des Organismus zugrunde liegenden Prozesse liegt demzufolge in der Erforschung der Regulation der Zellvermehrung. Hierfür bieten Zellkulturen und ihre vermehrungsregulierenden Biofaktoren günstige Ausgangspunkte.

2. Regulation des Wachstums auf Zellebene

2.1. Die tierische Zelle

Sie ist die kleinste Funktionseinheit des tierischen Organismus. Als Existenzform der lebenden Materie zeigt sie alle charakteristischen Lebensäußerungen, wie Stoffwechsel (Metabolismus), Bewegung (Mobilität), Wachstum bzw. Vermehrung (Proliferation)[1]) und Funktionsausprägung (Differenzierung). Zur Gewährleistung ihrer Existenz steht sie mit ihrer unmittelbaren Umgebung in einem intensiven Stoff- und Gasaustausch, über den sie ihren Nährstoff -und Energiebedarf deckt und Stoffwechselprodukte abführt. Die Stoffaufnahme erfolgt selektiv, d. h. bedarfsgerecht nach Auswahlprinzipien. Aufgenommene Stoffe werden dem zellulären Stoffwechsel zugeführt, der sich in einem ständigen Fließgleichgewicht befindet und die strukturelle und funktionelle Stabilität der Zelle gewährleistet. Der geordnete Ablauf der einzelnen Stoffwechselprozesse und Lebensäußerungen ist an jeweils bestimmte Zellstrukturen gebunden.

Die geordnete Funktion von Zellen im Verband (Gewebe, Organ, Organismus) verlangt die Existenz von Mechanismen, die über den Stoffwechsel hinaus den Stoffaustausch im Sinn der Aufnahme

---

1) In der einschlägigen Fachliteratur, insbesondere im angelsächsischen Schrifttum, werden in bezug auf die isolierte Zelle die Begriffe „Wachstum" und „Vermehrung" einander gleichgesetzt. In der vorliegenden Abhandlung wird eine Begriffstrennung angestrebt, da die den Begriffen zugrunde liegenden biologischen Prozesse nicht identisch sind „Wachstum" ist die durch Masse- und Größenzunahme gekennzeichnete Umfangsvergrößerung von Organen, Geweben, Zellverbänden oder Zellen, „Vermehrung" oder „Proliferation" kennzeichnet den fundamentalen Prozeß der Neubildung lebender Individuen, also die Entstehung von Zellen. Hinsichtlich der international eingebürgerten Namen der „Wachstums"faktoren, die obiger Definition zufolge zutreffender „Vermehrungsfaktoren" oder — hier bevorzugt verwendet — „Proliferationsfaktoren" sind, weil sie den Zellteilungsprozeß auslösen, läßt sich die Begriffstrennung allerdings nicht mit letzter Konsequenz durchsetzen, da Namenskorrekturen die Folge sein müßten, die jedoch Verständigungsschwierigkeiten heraufbeschwören würden. Dieser unbefriedigende Zustand spiegelt sich neuerdings auch im angelsächsischen Schrifttum wider: „Multiplying Growth Factors" (etwa: „zellvermehrende Wachstumsfaktoren").

und Weiterleitung spezifischer Verhaltensinformationen zwischen den Zellen gewährleistet. Um sich in die einzelnen Prozeßabläufe einordnen zu können, bedarf die Zelle entscheidender Informationen zumindest über das aktuelle Verhalten und den Funktionszustand ihrer Nachbarzellen. Nur unter solcher Voraussetzung vermag sie sich selbst einzupassen und an der Erbringung der von der Zellpopulation geforderten Gesamtleistung aktiv mitzuwirken. Tierische Zellen verfügen über mehrere Strukturausbildungen, die diese interzelluläre Kommunikation gewährleisten.

2.2. *Strukturen der interzellulären Kommunikation*

Kommunikationsmechanismen gehören gegenwärtig zu den fesselndsten biologischen Phänomenen, vielleicht auch deswegen, weil sich ihre Funktionsweise noch weitgehend unserem Einblick entzieht. Neben Mechanismen, die nur bei ganz bestimmten Entwicklungsprozessen eine Rolle spielen, wie beispielsweise für die Erkennung und Bewegungsausrichtung im Verlauf der Morphogenese (Organausbildung während der Embryonalentwicklung), verfügt die Zelle über solche, die einen universelleren Charakter besitzen und über die gesamte Lebenszeit des Organismus von Bedeutung sind. Ihnen liegen bestimmte zelluläre Strukturen zugrunde.

2.2.1. *Zellverbindungen*

Es ist verständlich, daß der möglichst direkte Zell-zu-Zellkontakt die besten Voraussetzungen für die interzelluläre Kommunikation bietet. Von der Zelle wird er realisiert in Form der Ausbildung von Zellverbindungen („cell junctions"). Hierunter sind Aneinanderlagerungen bestimmter, offenbar für die Informationsvermittlung besonders spezialisierter Teile der Zytomembran benachbarter Zellen zu verstehen. Grad und Ausbildungsmuster des Membrankontaktes lassen drei verschiedene Typen derartiger Zellverbindungen unterscheiden (Abb. 13):

— *Spaltverbindungen* („gap junctions")
  Die Zytomembranen benachbarter Zellen sind in bestimmten Abschnitten einander soweit genähert, daß sie nur noch durch einen außerordentlich schmalen interzellulären Spalt („gap")

voneinander getrennt sind. Die Spaltbreite beträgt gewöhnlich nur 2—4 nm. Der Spaltraum ist mit extrazellulärer Matrix ausgefüllt.

— *Fusionsverbindungen* („tight junctions")
Membranteile benachbarter Zellen treten in unmittelbaren Berührungskontakt. Ihre Oberflächen verschmelzen miteinander, wobei die Membranen allerdings ihre strukturelle „Eigenständigkeit" bewahren. An der Fusionsstelle bilden beide Membranen eine gemeinsame Schichtdicke von 14 bis 15 nm.

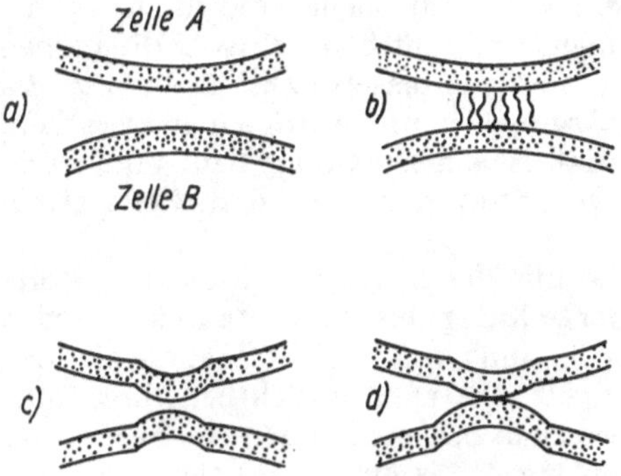

Abb. 13. Interzelluläre Verbindungen als Mittel der Zellkommunikation
a) Durchschnittlicher Abstand zwischen zwei Zellen (20 nm); b) Septiertes Desmosom (bei Invertebraten); c) Spaltverbindung; d) Fusionsverbindung.

Diese beiden Zellverbindungstypen werden weit verbreitet im Tierreich bei Wirbeltieren und Wirbellosen gefunden. Fusionsverbindungen sind die übliche Kontaktstruktur zwischen Epithelzellen der Vertebraten.

— *Septiertes Desmosom* („septate junction")
Für diese Zellverbindung ist charakteristisch, daß der interzelluläre Raum zwischen den aneinanderliegenden Membranpartien benachbarter Zellen durch regelmäßig angeordnete, elektronendichte Querverbindungen (Septen) überbrückt wird. Diese führen einen direkten Kontakt zwischen den Membranen herbei. Bei entsprechender Vergrößerung ist diese Art von Zellverbindung durch ihr leiterähnliches Aussehen zu erkennen.

Dieser letzte Zellverbindungstyp wird in charakteristischer Ausbildung nur bei Invertebraten gefunden, beispielsweise in der Speicheldrüse von *Drosophila* oder zwischen zilientragenden Epithelzellen von Mollusken. Alle diese Zellverbindungen sind nur unter den Bedingungen elektronenmikroskopischer Präparationstechnik und Auflösung sichtbar.

Mit empfindlichen elektrophysikalischen Methoden läßt sich im Bereich der Zellverbindungen — im Gegensatz zu dem gewöhnlich hohen elektrischen Widerstand von Zelloberflächen — ein vergleichsweise niedriger elektrischer Widerstand nachweisen. Diese zuerst an Nervenzellen erhobene Feststellung hat sich später auch für Nicht-Nervenzellen, selbst für solche, die ihrem natürlichen Zellverband entnommen und unter in vitro-Bedingungen isoliert gehalten werden, bestätigen lassen. *Die Bedeutung des Vorhandenseins solcher Membranstellen* mit niedrigem elektrischem Widerstand besteht darin, daß sich hier „Gänge" für eine ziemlich unbehinderte Passage von Stoffen von Zelle zu Zelle offenbaren.

Natürlich ist die Beantwortung der Frage von Interesse, Stoffe welcher molekularen Größenordnung hier ausgetauscht werden können. Versuche unter Verwendung von Farbstoffen, die elektrophoretisch in die Zellen eingebracht und hinsichtlich ihrer Ausbreitungsneigung verfolgt wurden, erbrachten den Nachweis, daß Moleküle mit einer relativen Masse bis etwa 1000 ziemlich rasch und ungehindert von Zelle zu Zelle weitergegeben werden können. Letztlich sind diese Angaben aber doch nicht vollkommen überzeugend; denn die Weitergabe von Molekülen über Zellverbindungen dürfte zu allerletzt einfachen physikalischen Diffusionsgesetzen gehorchen. Auch — und vielleicht gerade — an diesen Stellen dürfte sich die Zelle eine aktive selektive Einflußmöglichkeit auf den Stofftransport und das Stoffaustauschgeschehen vorbehalten.

Die Bedeutung der interzellulären Kommunikation für die Regulation komplexer Zellfunktionen, wie Vermehrung und Differenzierung, ist gegenwärtig noch nicht klar einzuschätzen. Es überwiegt die Auffassung, daß über die kurze Distanz der Zellverbindungen hauptsächlich oder ausschließlich solche stofflichen Informationen ausgetauscht werden, die eine Gleichschaltung oder Funktionssicherung von Stoffwechselleistungen bezwecken. Daß hierdurch natürlich auch Vermehrungsprozesse indirekt beeinflußt werden können, ist naheliegend.

2.2.2. *Zytomembranrezeptoren*

Sofern die chemischen Signalgeber für die Regulation der Zellvermehrung höhermolekulare Stoffe mit Eiweißnatur sind (S. 113), dürfte ihr Angriffsort an der Zelle im Bereich der Rezeptoren zu suchen sein. Hierunter versteht man in die Zytomembran integrierte Bindungsstellen mit jeweils ganz bestimmter molekularer Struktur. Ihrer *chemischen Natur* nach handelt es sich um Proteine, Glykoproteine, Lipoproteine oder Glykolipide, die durch ihre charakteristische räumliche Oberflächenstruktur, mit der sie sich auf etwa gleichem Niveau mit der Zelloberfläche befinden, Zugriffsmöglichkeiten für die Anheftung freier Moleküle bieten. Solche Rezeptoren sind gewöhnlich in großer Zahl in der Membran einer Zelle enthalten, nicht selten 10^4 und mehr für einen bestimmten Liganden, d. h. für die zur Bindung befähigte Molekülart.

Die Vereinigung zwischen einem bindungsfähigen Molekül und seinem Rezeptor beruht auf dem Prinzip der sterischen Komplementarität, d. h. der spiegelbildlichen Übereinstimmung beider am *Bindungsvorgang* beteiligten Strukturen. Die Bindung ist reversibel, weil sie nichtkovalent (auf chemischen Reaktionen beruhend) erfolgt; sie beruht auf der Ausbildung schwacher Bindungskräfte. Diese sind hydrophober oder elektrostatischer Natur oder werden über Wasserstoff- oder Chelatbindungen wirksam. Gebundene Moleküle lassen sich deshalb durch hohe Konzentrationen anderer rezeptorspezifischer Liganden aus ihren Bindungsstellen verdrängen (Kompetition).

Vergleichbar mit Reaktionen zwischen einem Enzym und seinem Substrat sind Rezeptoren Orte spezifischer *Wechselwirkungen zwischen Ligand und Zelle.* Wie Abb. 14 zeigt, führt die Bindung eines biologisch aktiven Liganden (= Agonist) zu einer Konformationsänderung des Rezeptors, offenbar gleichzeitig mit Auswirkung auf benachbarte Membranbezirke. Auf diese Weise wird ein von der chemischen Natur des Agonisten abhängiges, in der Konformation des Moleküls enthaltenes spezifisches Signal auf die Zellmembran übertragen. Die Nachricht wird vom Rezeptor auf den Effektor weitergeleitet, der unter Einschaltung intrazellulärer Botenstoffe („second messenger") (S. 124) eine Reihe chemischer Reaktionen in Gang setzt, welche sich in ihrer Gesamtheit als biologische Antwort der Zelle zu erkennen geben. Dieser Prozeßablauf wird mit „*Effektuierung*" bezeichnet.

Rezeptor und Effektor können in der Zytomembran in einem

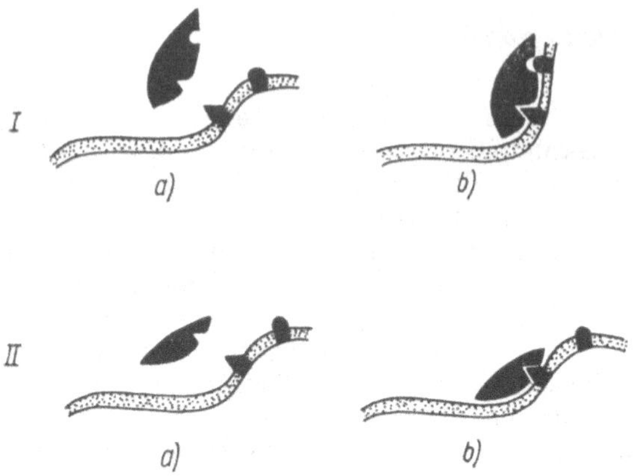

Abb. 14. Zelloberflächenrezeptoren. Wirkung eines chemischen Signalgebers auf die Zielzelle (I): Sterische Komplementarität des Signalmoleküls und des Rezeptormoleküls bedingt einen hohen Anpassungsgrad und demzufolge relativ starke Bindungskräfte, also eine hohe Affinität (a). Die Bindung des Signalmoleküls oder anderer Stoffe mit gleicher Rezeptorpaßfähigkeit (= Agonisten) verursacht Veränderungen der Zytomembran, die von der Zelle verstanden, verarbeitet und mit entsprechenden Reaktionen beantwortet werden (b). Wirkung eines Antagonisten auf die gleiche Zelle (II): Der Antagonist besitzt eine nur teilweise der Rezeptorenform und -anordnung entsprechende räumliche Molekülstruktur, so daß die Anpassung unzureichend und die Bindungskräfte schwach sind (geringe Affinität) (a). Zudem ruft er keine biologische Wirkung hervor, weil die Zytomembran nicht deformiert wird (b), d. h. ihm fehlt die Wirkaktivität. Antagonisten vermögen Agonisten an der Besetzung von Rezeptoren zu hindern.

Molekül bzw. Molekülkomplex vereinigt sein (Abb. 15); jedoch steht die Annahme ihrer Existenz als getrennte Einheiten in besserer Übereinstimmung mit Befunden und Modellvorstellungen. Es wurden Fälle bekannt, in denen Zellen Rezeptormoleküle bei vollständigem Fehlen von Effektormolekülen besitzen. Unter diesen Bedingungen bleibt verständlicherweise trotz Ligand-Rezeptor-Interaktion eine biologische Antwort aus (Abb. 15).

Vom Blickpunkt der Immunopharmakologie hat S. SCHNITZLER sich zu weiteren Einzelheiten und zu den verschiedenen Rezeptortheorien in dieser Reihe (WTB, Band 218) geäußert und auch Näheres zu den modernen Modellvorstellungen über Bau und Funktion der Zytomembran,

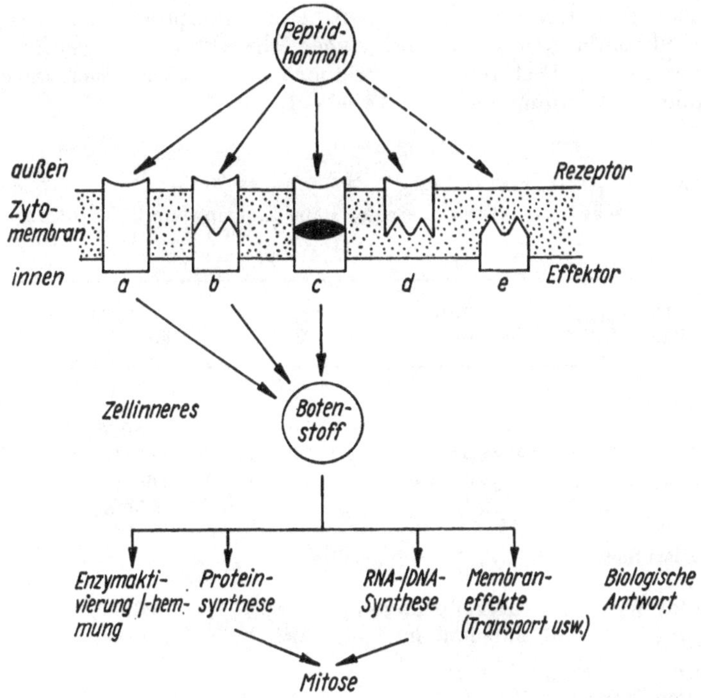

Abb. 15. Modell der Rezeptor-Effektor-Interaktion. Fünf mögliche Zustände sind dargestellt: a) Rezeptor- und Effektorfunktion werden durch ein einziges Molekül wahrgenommen; b) Rezeptor und Effektor sind verschiedene Moleküle, die in einem Molekülkomplex vereinigt sind; c) Beide sind durch ein drittes Molekül miteinander verbunden; d) Vorhandensein des Rezeptors oder e) des Effektors allein unterbricht die Effektuierungskette, so daß eine biologische Antwort ausbleiben muß.

dem sog. „fluid mosaic model“, ausgeführt. Soweit das Verständnis für die Wirkungsweise von Proliferationsfaktoren es verlangt, wird an gegebener Stelle noch einmal darauf eingegangen (S. 121).

Im Rahmen der interzellulären Kommunikation stellen sich Rezeptoren als Empfänger von chemischen Signalen dar, die größere Distanzen als die zwischen zwei Zellen zu überbrücken haben. Im Organismus fungieren als Agonisten neben chemischen Überträgern von Nervenimpulsen (Neurotransmitter), wie Noradrenalin, Azetylcholin u. a., vor allem Peptide. Für einige dieser

Peptidhormone konnten die zugeordneten Rezeptoren aus der Targetzellmembran isoliert und näher charakterisiert werden. Die Rezeptoren bestimmter Peptidhormone erwiesen sich aus Subeinheiten zusammengesetzt (Tabelle 1).

Tabelle 1

Physikochemische Charakteristik einiger Peptidhormon- und Neurotransmitter-Rezeptoren

Hormon bzw. Transmitter	Rezeptor Chemische Natur	M_r	M_r der Subeinheit
Peptidhormone			
Insulin	Glykoprotein	300000	75000
Prolaktin	Protein	220000	—
Thyreotropin	Glykoprotein	280000	166000 75000 24000
Luteinisierungshormon/Choriogonadotropin	Glykolipoprotein	194000	90000
Glukagon	Lipoprotein	190000	90000
Transmitter			
Cholinerge Transmitter	Glykolipoprotein	230000 bis 550000	70000 bis 90000 (evtl. kleiner)
β-adrenerge Transmitter	Lipoprotein	140000 bis 160000	?

2.3. *Proliferationsverhalten der tierischen Zelle*

Die Vermehrung (Proliferation) der Zelle ist als biologischer Prozeß der identischen Reproduktion genetisch programmiert und regulatorisch in das Wachstumsgeschehen des betreffenden Zellverbandes, dessen Bestandteil die Zelle ist, eingebunden. Somit schlägt sich die Vermehrung von Zellen als Wachstumsprozeß des Verbandes (Gewebe oder Organ) nieder.

2.3.1. Proliferation in vivo

Ausgehend von der ihnen innewohnenden *Vermehrungspotenz* lassen sich normale, d. h. physiologisches Verhalten zeigende Zellen in drei Gruppen einteilen:

1. *Zu fortwährender Teilung befähigte Zellen.* Sie sind in sogenannten Proliferationszentren des Organismus anzutreffen bzw. bilden solche Zentren. Sie zeichnen sich durch kurze Turnover-Zeiten aus (Tabelle 2).

Tabelle 2
Turnover-Zeit der Zellen verschiedener Gewebe der Ratte (nach DAVID)

Organ	Turnover-Zeit (d)*)	Organ	Turnover-Zeit (d)*)
Oberhaut		Verdauungstrakt	
Ohr	34,5	Lippe	14,7
Fußballen	19,1	Backenschleimhaut	4,3
Bauchwand	19,4	Zunge	4,9–7,7
Hornhaut des Auges	6,9	Speiseröhre	8,8–11,6
		Magenschleimhaut	1,1–9,1
Atmungstrakt		Dünndarm	1,5
Luftröhre	47,6	Dickdarm	10,0
Bronchien	26,7	Enddarm	4,3
Alveolen	29,4	Nervensystem	
Harnapparat	33–49	Ganglienzellen	zeitlebens
Weiblicher Genitaltrakt	3,9–5,9		
Keimepithel der Eifollikel	32,8		

*) $Turnover\text{-}Zeit = \frac{Mitosedauer\ (h)}{Mitoseindex/100}$

$$Mitoseindex\ \% = \frac{Zahl\ der\ Zellen\ in\ Mitose}{Gesamtzahl\ der\ Zellen} \times 100$$

2. *Nicht spontan vermehrungsfähige Zellen.* Sie befinden sich im Zustand erfolgter Differenzierung, können aber unter bestimmten Bedingungen in den Proliferationszyklus zurückkehren, wozu sie allerdings einer intensiven Stimulierung bedürfen,

wie z. B. im Fall des Verlustes eines Teils des Zellverbandes (regenerierende Leberzellen) oder durch Antigeneinwirkung (Lymphozyten).

3. *Teilungsunfähige Zellen.* Sie haben ihre Teilungsfähigkeit verloren und fallen nach Erfüllung ihrer Funktion dem Zelltod anheim. Diese Zellen werden nach Ablauf ihrer Lebensspanne entweder ersetzt (wie z. B. die meisten Blutzellen) oder sie sind unersetzbar (Nervenzellen). Im letzten Fall muß der Organismus mit dem vorhandenen Zellbestand sein Leben lang auskommen.

Unter dem Gesichtspunkt des Proliferationsverhaltens interessieren hier die Zellen der ersten, z. T. auch der zweiten Gruppe. Ihre *Vermehrungsraten,* d. h. die Zahl der Teilungen pro Zeiteinheit, stehen unter der Kontrolle chemischer Regulatoren und können physiologischerweise Schwankungen unterliegen.

Bestimmte pathologische Ereignisse gehen mit einer von der Norm gravierend abweichenden *Erhöhung der Vermehrungsrate* von Zellen einher oder werden durch diese ausgelöst. So ist die Bildung bösartiger Tumoren das Ergebnis einer m. o. w. dauerhaften Erhöhung der Vermehrungsrate, wobei eine einzige Zelle, die sich der Kontrolle ihres Zellverbandes entziehen konnte, der Ausgangspunkt ist. Der naheliegende Verdacht, die Ursache der Tumorbildung sei in einem Versagen der Proliferationskontrollmechanismen zu suchen, hat Hoffnungen auf baldige Aufklärung der Entstehungsweise bösartiger Tumoren geweckt und die Arbeiten zur Erforschung der Regulation der Zellvermehrung in den letzten zwei Jahrzehnten sehr gefördert. Jedoch ließ sich auf diesem Wege der Schlüssel zu dem Hoffnungsgebäude leider nicht finden. Die tumoröse Entartung der Zelle stellt sich als ein sehr komplexes Geschehen dar, für das die ungezügelte Zellvermehrung nur *ein Merkmal* unter vielen anderen ist.

Für alle Bemühungen um Aufklärung des Regulationsmechanismus der Zellvermehrung gilt, daß der Organismus wegen seiner komplizierten Funktionsweise ein außerordentlich ungünstiges und unübersichtliches *Untersuchungsobjekt* ist. In jedem Augenblick läuft eine unübersehbare Zahl an Stoffwechselschritten und Austauschvorgängen ab, die sich überlagern oder sogar gegenseitig beeinflussen, so daß ihre Zuordnung zu bestimmten Teilprozessen mit erheblichen Schwierigkeiten verbunden oder überhaupt unmöglich ist. Hinzu kommt, daß die Zellvermehrung überwiegend ein Bestandteil komplexer biologischer Vorgänge und deshalb in

„reiner“ Form kaum greifbar ist. Das zeigt allein das „einfache“ Beispiel der Heilung oberflächlicher Hautwunden (Abb. 16).

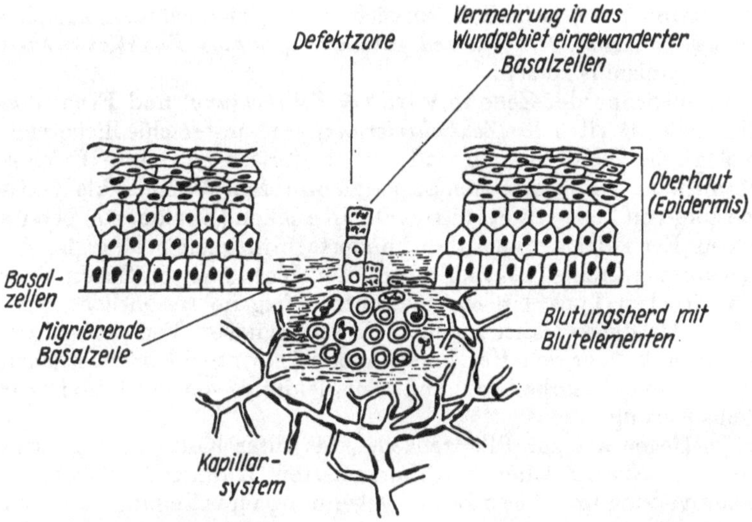

Abb. 16. Schädigung der Oberhaut (Epidermis) setzt eine Kette von Ereignissen in Gang, von denen hier lediglich die Blutung, die chemotaktisch ausgelöste Einwanderung von Basalzellen aus der unverletzten Randzone in das Wundgebiet sowie deren anschließende Proliferation berücksichtigt sind. Mit dem in das Wundgebiet ergossenen Blut werden sowohl geformte Blutbestandteile als auch gelöste Biofaktoren in das Wundgebiet eingeschwemmt. Blutgerinnung und Zerfall der Blutzellen gehen mit der Freisetzung weiterer Biofaktoren einher.

Eine stärkere Übersichtlichkeit des Untersuchungsobjektes brachte die Möglichkeit mit sich, tierische Zellen in Form von Kulturen unter Laboratoriumsbedingungen züchten zu können. Durch Verbesserung der Zellzüchtungstechnik gelang es in den letzten Jahren zunehmend besser, Zellen eines einzigen Typs aus Geweben zu isolieren und als Monolayerkultur, d. h. als einschichtigen Zellverband, zu kultivieren. Hierdurch wurde ein Weg gewiesen, welcher versprach, den Regulatoren der Zellproliferation besser auf die Spur zu kommen.

2.3.2. *Proliferation in vitro*

Neben ihrer Qualifizierung als kleinster Baustein des Organismus kann die tierische Zelle für sich in Anspruch nehmen, zugleich *kleinste im isolierten Zustand vermehrungsfähige Funktionseinheit* des Organismus zu sein.

Vermehrung der Zelle in vitro (= *Zellzüchtung*) und Erhaltung der Zelle in vitro (= *Zellkultivierung*) sind unterschiedliche zellbiologische Zielstellungen und zwei historisch getrennte Erfolgsetappen der zellbiologischen Experimentatoren. Während die Kultivierung von Zellen in Form von Organstücken (Explantate) bereits gegen Ende des vorigen Jahrhunderts prinzipiell gelang, ist die Gewinnung „reiner" Zellkulturen, d. h. Kulturen von Zellen eines einheitlichen Typs, ein methodischer Erfolg im wesentlichen erst seit Mitte dieses Jahrhunderts. Er setzte neben Forschungsfortschritten bei der Schaffung eines möglichst optimalen künstlichen Milieus die Ausarbeitung und Entwicklung von Verfahren zur Zellisolierung voraus.

Im Gegensatz zur Pflanzenzelle, die unter Kulturbedingungen auf das Niveau einer entdifferenzierten Kalluszelle zurückzufallen vermag und durch Zurückgewinnung ihrer Teilungsfähigkeit ganze Organe neuentstehen lassen kann, verfällt die tierische Zelle niemals wieder in einen Zustand embryonaler Omnipotenz. Sie vermag lediglich den im ungestörten Zellverband gegebenen Vermehrungsblock zu überwinden und Tochterzellen gleichen Typs zu bilden. Die Auffassung, daß Zellteilung und Funktionsausbildung (Differenzierung) sich gegenseitig ausschließen, kann auf Grund gegenteiliger Beweise für mehrere Zelltypen nicht mehr aufrechterhalten werden, so daß sie keine Allgemeingültigkeit besitzt. Aber selbst die „einfache" Sicherstellung der Vermehrung von Zellen in der Kultur ist an die Befriedigung anspruchsvoller Forderungen nach geeigneter Nährmediumzusammensetzung gebunden.

2.3.2.1. *Prinzipien der Zellzüchtung*

Der methodische Erfolg der Zellzüchtung ist von der Schaffung günstiger Wechselbeziehungen zwischen Zelle, Nährmedium und Unterlage abhängig.

Die *Unterlage*, d. h. die Anheftungsfläche, muß so beschaffen sein, daß die Zellen haften können. Dieser Vorgang ist bei normalen Zellen die Voraussetzung für ihre Vermehrung und die Ausbildung einschichtiger Zellschichten, sogenannter Monolayer. Ausreichende Anheftungsmöglichkeiten sind in säurevorbehandelten und intensiv mit bidestilliertem Wasser gespülten Glasgefäßen mit planer Grundfläche gegeben. In den letzten Jahren werden zunehmend Einwegkulturflaschen oder -schalen aus oberflächenbehandeltem Kunststoff, meist Polystyrol, eingesetzt. Ihr Vorteil besteht darin, daß Wasch- und Spülprozesse, die im Fall von Glasgefäßen trotz exakter Ausführung Variabilitäten in der Beschaffenheit der inneren Glasoberfläche und damit im Versuchsablauf nicht ausschließen, überflüssig werden, wodurch ein höherer Grad an versuchstechnischer Standardisierung erreicht wird.

Zellen werden enzymatisch aus ihrem natürlichen Gewebe- oder Organverband isoliert, wobei je nach Art des Ausgangsmaterials und Sitzes des gewünschten Zelltyps eine m. o. w. sorgfältige Präparation des Gewebes vorausgehen muß. Bindegewebszellen (Fibroblasten) repräsentieren beispielsweise einen Zelltyp mit weniger hochgestochenen Ansprüchen und gutem Vermehrungsvermögen in der Kultur, so daß für deren Isolierung weniger Sorgfalt auf die Gewebeauswahl und -vorpräparation gerichtet werden muß als z. B. bei der von Organ- oder Gefäßwandzellen.

So gelingt es ohne weiteres, Fibroblastenkulturen durch enzymatischen Aufschluß nahezu kompletter, mechanisch zerkleinerter Embryonen von Mensch und Tier zu gewinnen.

Für die *Isolierung* werden proteolytische Enzyme, insbesondere Trypsin oder Kollagenase, verwendet. Sie werden in geringer Konzentration in isotoner, schwach alkalisch gepufferter Salzlösung gelöst und bauen beim Kontakt mit dem aufzuschließenden Gewebematerial die Zwischensubstanz ab, wodurch die Zellen vereinzelt werden. Die meist unter Rühren erfolgende Prozedur muß exakt nach wenigen Minuten zur Sammlung inzwischen freigesetzter Zellen unterbrochen werden, um zu verhindern, daß durch unnötig lange Einwirkung des proteolytischen Enzyms die Zytomembran der vereinzelten Zellen geschädigt wird, wodurch die Vitalität eingeschränkt werden würde. Aus der Suspension werden die Zellen schonend abzentrifugiert, in das Nährmedium eingebracht und nach Einstellen der gewünschten Zelldichte in die Kulturgefäße „eingesät". Es versteht sich von selbst, daß alle Schritte unter Wahrung keimfreier Arbeitsbedingungen durchgeführt werden müssen und einen hohen Grad an Erfahrung und Einfühlungsvermögen erfordern.

Als *Nährmedium* werden dem Nährstoffbedürfnis der Zellen möglichst nahekommende Lösungen von Salzen, Aminosäuren,

Glukose und Vitaminen verwendet, deren Osmolarität der des Blutes entspricht. Sie sind auf einen pH-Wert von 7,2 bis 7,4 eingestellt und enthalten einen zellverträglichen Säureindikator, meist Phenolrot.

In neuerer Zeit wurde eine Reihe von Medien entwickelt, die sich hinsichtlich der Zahl und quantitativen Zusammensetzung ihrer Komponenten unterscheiden. Angestrebtes Ziel ist dabei, das Nährstoffbedürfnis der Zellen möglichst ausschließlich über ein ausgewogenes Verhältnis chemisch definierter Stoffe zu stillen, um so überschau- und reproduzierbare Versuchsbedingungen zu schaffen. Dieses Ziel ist bis heute jedoch nicht vollständig erreicht worden. Alle bekannten Medien, unter ihnen das vielverwendete „Minimum Essential Medium" von Eagle (mit 29 Grundstoffen) und das Nährmedium 199 von Morgan und Parker (mit 61 Grundstoffen), vermögen den Zellen zwar Voraussetzungen für die Erhaltung ihrer Lebensfähigkeit über gewisse Zeit, keinesfalls aber für ihre Vermehrung zu bieten. Hieraus leitet sich ab, daß tierische Zellen neben ausgewählten Nährstoffen zusätzlicher Wirkfaktoren bedürfen, um sich vermehren zu können. Die Anwesenheit solcher Biofaktoren im Medium wird durch Zusatz biologischer Flüssigkeiten, vorzugsweise von (Kälber-)Serum, gewährleistet. Bestimmte Zelltypen synthetisieren im Verlauf ihrer Kultivierung selbst derartige Biofaktoren und geben diese in das Medium ab, so daß auch solche konditionierten Medien zur Komplettierung chemisch definierter Nährmedien prinzipiell herangezogen werden können.

Die von der Zelle zusätzlich geforderten Biofaktoren sind spezifische *Initiatoren und/oder Stimulatoren der Zellvermehrung* und höchstwahrscheinlich identisch (oder zumindest ähnlich) mit denjenigen, die auch im Organismus derartige Funktionen ausüben.

2.3.2.2. Wachstumsphasen der Zellkultur

Analog den Mikroorganismen zeigen isolierte tierische Zellen unter Kulturbedingungen ein charakteristisches Verhalten, das sich bei ausreichend langer Beobachtungszeit in mehreren *Wachstumsphasen* zu erkennen gibt. Unabhängig von der Kultivierungsart (Oberflächen- oder Suspensionskulturen) und der Art der verwendeten Zellen (normale oder tumorös entartete = malignen transformierte Zellen) lassen sich 5 solche Phasen unterscheiden:

— Latenzphase („lag phase")

— logarithmische Phase
— Verzögerungsphase
— stationäre Phase
— Regressions- oder Absterbephase

Sie sollen am Beispiel der Monolayer-Oberflächenkultur besprochen werden.

Die *Latenzphase* ist die Anpassungsphase der Zellen an das neue Milieu. Sie beginnt mit der Anheftung der in das Kulturgefäß eingebrachten Zellen. In Abhängigkeit von den gegebenen Bedingungen und der Einsaatzelldichte, d. h. der Zahl der Zellen pro cm^2 Anheftungsfläche, kann sie einen Zeitraum zwischen 5 und 20 h einnehmen. Innerhalb bestimmter Grenzwerte ist die Zeitdauer der Latenzphase der Einsaatzelldichte umgekehrt proportional, d. h. mit steigender Zelldichte verkürzt sie sich und umgekehrt. Die Ursache hierfür ist darin zu suchen, daß eine große Zahl von Zellen das Medium intensiver zu „konditionieren" vermag als eine kleine Zellzahl, wodurch förderliche Bedingungen schneller erreicht werden.

Ein ganz entscheidendes, morphologisch faßbares Ereignis ist der Gestaltwandel, dem Normalzellen nach ihrer Anheftung unterliegen: Die in isolierter, suspendierter Form kugelige Zelle flacht sich ab und breitet sich maximal aus, wobei die Zellhöhe auf Werte von weniger als 4 µm fällt. Dieser Vorgang korreliert mit dem Eintreten und der Intensitätszunahme der DNA-Synthese, so daß er eine wichtige Voraussetzung für die Zellvermehrung überhaupt ist. Entsprechend läßt sich umgekehrt nachweisen, daß mit Zunahme der Zellhöhe die DNA-Synthese verlangsamt wird, bis sie von einem bestimmten Wölbungsgrad der Zelle ab (Zellhöhe > 15 µm) und erst recht bei vollständig abgekugelten Zellen zum Erliegen kommt. Demgegenüber sind maligne transformierte Zellen im allgemeinen imstande, sich auch im kugeligen (suspendierten) Zustand zu vermehren.

Der Latenzphase schließt sich die *logarithmische oder exponentielle Phase* an. In ihr schalten die Zellen auf vollen Stoffwechsel um (durch Säuerung des Mediums erfaßbar) und treten in ein Stadium der exponentiellen Vermehrung ein. Die Vermehrungsrate (V_r) läßt sich durch Zellzahlbestimmungen von Stichproben des gleichen Kulturansatzes zu zwei verschiedenen Zeitpunkten nach folgender Formel abschätzen:

$$V_r = \frac{\log_2 N_t - \log_2 N_0}{t} = \frac{3{,}3219\,(\log N_t - \log N_0)}{t},$$

wobei N_0 Zellzahl zu Beginn und N_t Zellzahl am Ende des Untersuchungszeitraumes (in Tagen) bedeuten. Hieraus läßt sich die Zellzahlverdopplungszeit (= Generationszeit) t_v als weiterer populationskinetischer Wert errechnen:

$$t_v = \frac{1}{V_r}$$

Aus dem umgekehrt proportionalen Verhältnis von V_r und t_v ergibt sich, daß geringe Vermehrungsraten mit langen Verdopplungszeiten (und umgekehrt) gekoppelt sind.

In Monolayerkulturen zeigt sich die exponentielle Vermehrungsphase in einer zügigen Ausbildung des einschichtigen Zellrasens.

In der anschließenden *Verzögerungsphase* wird die maximale Zelldichte unter den gegebenen Bedingungen allmählich erreicht, so daß das Vermehrungstempo gedrosselt wird.

Mit lückenloser Ausbildung des Zellrasens tritt die Kultur in die *stationäre Wachstumsphase* ein. Man spricht auch von konfluenten Kulturen. Das bedeutet, daß sich jede Zelle mit ihrer seitlichen Oberfläche in vollständigem Kontakt mit Nachbarzellen befindet. Die gegenseitige Berührung löst gewöhnlich eine „Kontakthemmung der Zellvermehrung" aus, womit gemeint ist, daß der Zell-zu-Zell-Kontakt mit einem Stopp der Zellvermehrung beantwortet wird. Es gibt Hinweise, die dafür sprechen, daß auch hier der Wölbungsgrad der Zellen auf Grund geringer werdender Ausbreitungsmöglichkeiten eine regulatorische Rolle spielen könnte.

Der in diesem Zustand erreichte Sättigungswert in der Zelldichte ist zelltypabhängig. Transformierte Zellen sind überwiegend nicht diesem Kontakthemmungsmechanismus unterworfen. Demzufolge dauert ihre Vermehrung an, und es bilden sich mehrschichtige Zellagen. Zuletzt löst sich die Zellschicht großflächig von der Unterlage ab. Entstandene Lücken im Multilayer werden immer wieder durch nachgebildete Zellen von den Rändern her ausgefüllt, bis sich der Nährstoffvorrat erschöpft, die Stoffwechselprodukte eine unverträglich hohe Konzentration erreichen oder aus den zerfallenen Zellen toxische Zellinhaltsstoffe freiwerden. Transformierte Zellen können wegen ihrer uneingeschränkten Vermehrungspotenz recht leicht zu Zellinien entwickelt werden, die sich durch „permanente", d. h. zeitlich unbegrenzte Passagierbarkeit auszeichnen.

Im Gegensatz zu Tumorzellen sind normale Zellen während der stationären Wachstumsphase der Kultur in einem bestimmten Abschnitt ihres Proliferationszyklus überwiegend in der G_1-Phase (S. 61) arretiert. Die Zellpopulation befindet sich in einem Gleichgewichtszustand zwischen (in geringer Zahl) absterbenden und neu entstehenden Zellen, der als „steady state" in der angelsächsischen Fachliteratur bezeichnet wird. Durch regelmäßigen, täglichen Mediumwechsel gelingt es, diesen Gleichgewichtszustand über Wochen oder sogar Monate aufrechtzuerhalten.

Konfluente Monolayerkulturen sind das Äquivalent des „Ruhezustandes", in dem sich die Zellen im natürlichen, ungestörten Gewebe- oder Organverband befinden.

Mit Reduzierung der Nährstoffzufuhr und/oder mit zunehmender Anhäufung von Stoffwechselprodukten tritt die Monolayerkultur in die *Regressionsphase* ein. Eine immer größer werdende Zahl von Zellen stirbt ersatzlos ab. Mikroskopisch sind Degenerationserscheinungen an den Zellen und an Zahl und Umfang zunehmenden Lücken im Zellrasen, durch abgestorbene und abgelöste Zellen bedingt, zu erkennen. Solche Kulturen lassen sich nicht mehr in einen Zustand voller Vitalität, z. B. durch Mediumwechsel, zurückführen.

Die einzelnen Wachstumsphasen sind Abschnitte der sogenannten *Wachstumskurve der Kultur* (Abb. 17). Diese ist hinsichtlich ihrer quantitativen Ausprägung vom betreffenden Zelltyp, der Zelleinsaatdichte und den Milieubedingungen (Nährstoffe, pH-Wert, Sauerstoffkonzentration im Medium, Zellunterlage) abhängig.

Je nach Wachstumsphase, in der sich die Kultur zum Untersuchungszeitpunkt gerade befindet, werden exogene Einflüsse, wie z. B. Proliferationsfaktoren (S. 65), unterschiedlich beantwortet. So wird man sich für das Studium der Wirkung von Proliferationsfaktoren am besten solcher Zellkulturen bedienen, die sich im Anfangsstadium der logarithmischen Wachstumsphase befinden, weil die Kultur hier einen ausreichenden Spielraum zur Beantwortung des Stimulierungsreizes besitzt. Kulturen in der stationären Phase sind indessen notwendig, wenn aufgeklärt werden soll, ob z. B. die Kontakthemmung der Vermehrung unter Wirkstoffeinfluß durchbrochen werden kann. Infolgedessen lassen sich Ergebnisse von Testversuchen an Zellkulturen nur dann eindeutig einordnen, wenn gleichzeitig die Wachstumsphase der benutzten Kulturen definiert wurde.

2.3.2.3. Der Zellzyklus

Der Zellvermehrung liegt der Teilungsvorgang der Zelle zugrunde. Zellkulturen bieten günstige Voraussetzungen, um den Teilungsvorgang zu untersuchen.

Die in *Teilung* befindliche Zelle ist im entsprechend gefärbten Präparat anhand der ausgebildeten bekannten Mitosefiguren

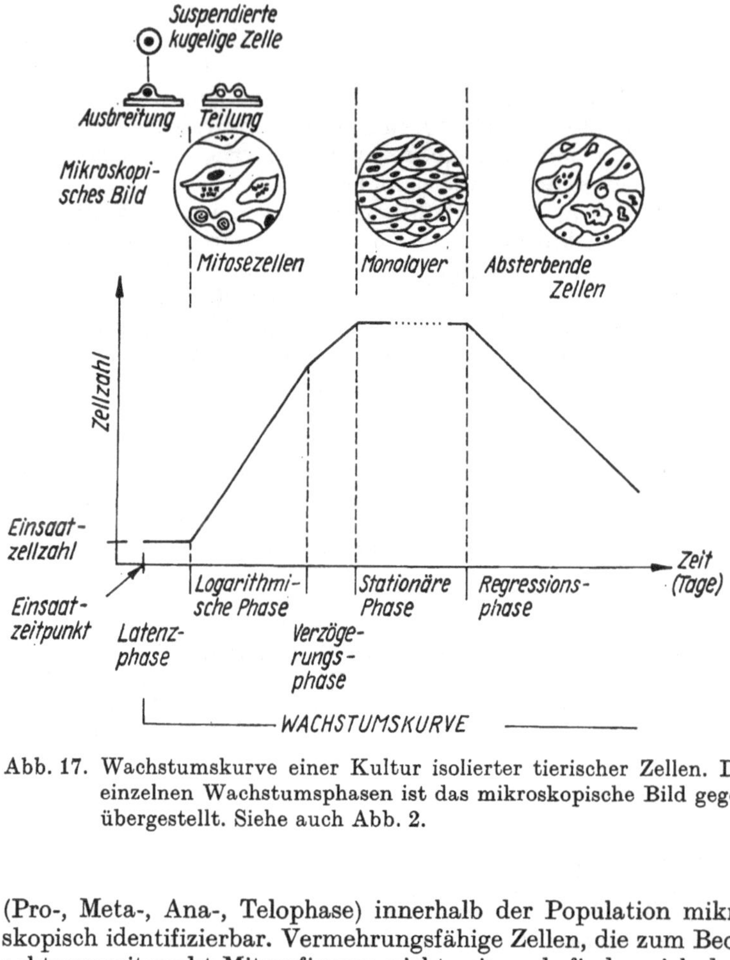

Abb. 17. Wachstumskurve einer Kultur isolierter tierischer Zellen. Den einzelnen Wachstumsphasen ist das mikroskopische Bild gegenübergestellt. Siehe auch Abb. 2.

(Pro-, Meta-, Ana-, Telophase) innerhalb der Population mikroskopisch identifizierbar. Vermehrungsfähige Zellen, die zum Beobachtungszeitpunkt Mitosefiguren nicht zeigen, befinden sich demzufolge in einem Stadium zwischen zwei mitotischen Zellteilungen, in der *Interphase.* Im Gegensatz zum Mitosevorgang, dessen Charakterisierung ein bereits frühes Ergebnis der morphologischen Forschung war, verschlossen sich die Interphasevorgänge noch vor rund drei Jahrzehnten dem Einblick. Erst die Entwicklung und der Einsatz autoradiografischer Untersuchungsverfahren ermöglichten die Feststellung, daß die Synthese der DNA, die die Voraussetzung für die Aufteilung des genetischen Materials der Mutterzelle auf die zwei Tochterzellen bildet (Verdopplung der Chromosomen), nicht die gesamte Interphase einnimmt, sondern während eines wesentlich kürzeren, definierbaren Zeitraumes erfolgt. Hierdurch war ein weiterer zeitlicher Abschnitt für die Unterteilung des Proliferationszyklus der Zelle gefunden. Diese experimentellen Befunde bildeten die Grundlage für das zuerst von Howard und Pelc (1953) vorgestellte *Zellzyklusmodell*, das später hisichtlich seiner Anknüpfungsstellen zu Prozessen der Zelldifferenzierung von sowjetischen Wissenschaftlern erweitert wurde.

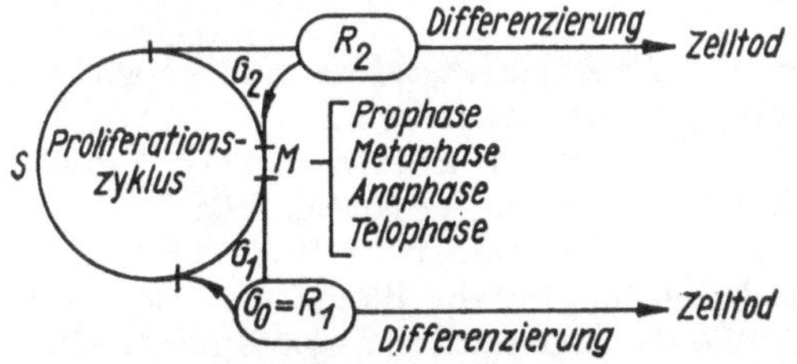

Abb. 18. Zellzyklusmodell

Das Modell (Abb. 18) geht von den eindeutig faßbaren Phasen der *Mitose* (M) und *DNA-Synthese* (S) aus. Beide Zelleistungen sind im zeitlichen Ablauf bestimmbar. Die S-Phase ist durch den Einbau tritiummarkierten Thymidins, einem Baustein der DNA, in den Zellkern erfaßbar. Der Proliferations- oder Mitosezyklus, d. h. jener Teil des Zellzyklus, in dem die Zellteilung stattfindet, wird geschlossen durch zwei weitere Phasen scheinbarer Nichtaktivität der Zelle, sog. „gaps" (G). Eine davon befindet sich zwischen dem Ende der Mitose- und dem Anfang der DNA-Synthesephase, die postmitotisch-präsynthetische oder *G_1-Phase*, und die andere zwischen dem Ende der Synthese- und dem Beginn der Mitosephase, die postsynthetisch-prämitotische oder *G_2-Phase*. Diese beiden Phasen lassen sich durch Kombination histochemischer (Feulgenfärbung der DNA) und spektrophotometrischer Verfahren dadurch unterscheiden, daß die Zelle in der G_2-Phase (nach erfolgter DNA-Synthese!) doppelt soviel DNA enthält wie in der G_1-Phase. $M \rightarrow G_1 \rightarrow S \rightarrow G_2$ sind also die chronologischen Funktionsabschnitte sich teilender Zellen.

Teilungsunfähige Zellen verlassen zwangsläufig den Proliferationszyklus. Zellen, die einer besonderen Stimulierung zu ihrer

Teilung bedürfen, verharren in der Zwischenzeit in einer spezifisch ansprechbaren *G_0-Phase des Zellzyklus*. Diese wird von EPIVANOVA auch mit R_1 bezeichnet und einer weiteren Ruhepause R_2 gegenübergestellt, in die die Zellen nach Ablauf der DNA-Synthese eintreten können. In der R_1- und R_2-Phase befindliche Zellen teilen sich entweder wieder (bei entsprechender Stimulierung), oder sie differenzieren sich. Ist ein bestimmtes Zellalter überschritten, so ist offenbar die Rückkehr in den Proliferationszyklus ausgeschlossen. Solche Zellen unterliegen dann zwangsläufig einem Differenzierungsdruck, der nur noch den Weg in Richtung Funktionsausübung freiläßt und sie nach Verschleiß dem Tod ausliefert.

Die *einzelnen Phasen des Proliferationszyklus sind verschieden lang*. Hierbei sind Zelltypeigenheiten unverkennbar.

Durch *exogene Einflüsse*, wie durch Zusatz von Wirkstoffen zum Medium oder durch Entzug essentieller Mediumkomponenten, wie Aminosäuren, lassen sich Kulturzellen in einer bestimmten Phase arretieren. Beispiele hierfür sind die Blockierung des Proliferationszyklus in der S- bzw. G_1-Phase durch Thymidinüberschuß, Hydroxyharnstoff oder Zytochalasin B sowie in der M-Phase, speziell in der Metaphase, durch Kolchizin, Kolzemid oder Rotenon. Auch hypotones Kulturmedium fixiert Zellen in der Metaphase.

Da diese Blockaden bei geeigneter Versuchsanstellung reversibel sind, lassen sich solche Hemmfaktoren zur *Synchronisierung* des Proliferationszyklus aller Zellen einer Kultur nutzen.

2.3.2.4. Modelle der Proliferationskontrolle

Der Proliferationszyklus ist Ausdruck und Ergebnis der Realisierung eines *Genexpressionsprogramms* der Zelle, das die Reihenfolge der für jede Zyklusphase notwendigen biochemischen Einzelschritte nach Art einer elektronischen Schaltung festlegt. Dabei sind in den Programmablauf Kontrollpunkte einbezogen, und zwar in Form bestimmter Ereignisse, die verwirklicht sein müssen, bevor die Zelle den nachfolgenden Schritt oder die nachfolgende Ereigniskette in Angriff nehmen kann. Es ist ein Grundanliegen der Zellbiologen zu wissen, an welcher Stelle und auf welche Weise die Kontrolle über den Proliferationszyklus ausgeübt wird.

Gegenwärtig befinden sich zwei *theoretische Modelle* in der Diskussion, mit denen versucht wird, Antwort auf derartige Fragen zu geben:

— *Modell der determinierten Vermehrungskontrolle.*
Es postuliert, daß die Zellteilungsrate von der Größenzunahme der Zellen abhängig ist. So kann — insbesondere für Mikroorganismen zutreffend — der Proliferationszyklus nicht begonnen werden, bevor nicht die Zelle eine ausreichende, kritische Größe erreicht hat. Hieraus erklärt sich, warum in Steady-State-Populationen sich exponentiell vermehrender Zellen das Verhältnis Zellgröße zu Teilungsrate konstant bleibt und die Teilungsrate mit der Zellmassezunahme korreliert.
Das Modell macht verständlich, warum z. B. die DNA-Synthese bei Bakterien oder die Sprossung bei Hefen bei den Mitgliedern einer Population zu unterschiedlichen Zeitpunkten eintritt. Unbeantwortet läßt es allerdings die Frage, wieso bei tierischen Schwesterzellen, deren Größenzunahme synchron verläuft, trotzdem zeitliche Verschiebungen im Ablauf des Proliferationszyklus auftreten können.

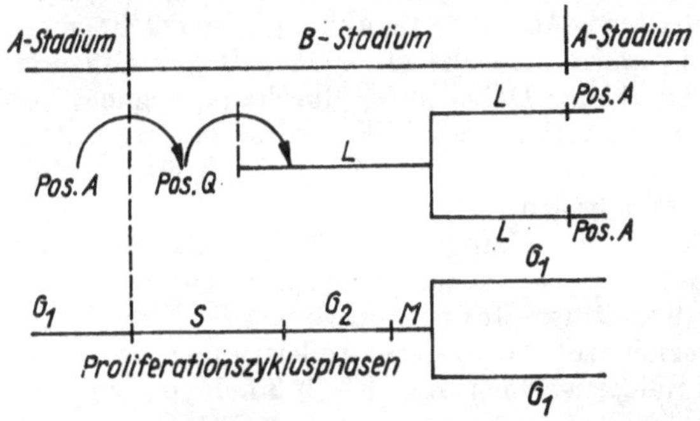

Abb. 19. Regulation des Proliferationszyklus: Modell der Übergangswahrscheinlichkeit.

— *Modell der Übergangswahrscheinlichkeit* (Smith, Martin, Brooks). Ihm zufolge ist der Anteil sich zur Teilung anschikkender Zellen einer Population von der Zeit abhängig, die eine Zelle braucht, um aus einer Position A der G_1-Phase in das B-Stadium zu gelangen und innerhalb des B-Stadiums die Position Q zu verlassen (Abb. 19). Die Verweildauer in diesen beiden Positionen A und Q wird als zeitlich variabel angenommen und regelt sich nach Gesetzen des Zufalls oder der Wahrscheinlichkeit. Sind beide Übergänge überwunden, so läuft mit L (innerhalb der DNA-Synthese-Phase) eine unaufhaltbare biochemische Prozeßkette mit konstanter Zeitfolge an, die den kompletten Teilungsvorgang der Mutterzelle überspannt und bis zum Eintritt der Tochterzellen in die neue Position A reicht.[1])

Hierdurch wird erklärlich, warum Schwesterzellen zwar zum gleichen Zeitpunkt die Position A erreichen, aber zu unterschiedlichen Zeitpunkten ihren eigenen Proliferationszyklus beginnen und durchlaufen können.

Aber auch dieses Modell vermag nicht alle Verhaltensweisen von Zellen zu erklären: So konnte bei Rattenhepatomzellen eine zeitliche Variabilität in der Dauer der G_2-Phase festgestellt werden, die zu Differenzen im Ablauf des Proliferationszyklus von Schwesternzellen führt.

Am besten wird den natürlichen Verhältnissen entsprochen, wenn beide Modelle vereinheitlicht werden, indem der Start des Proliferationszyklus zuerst vom Erreichen einer bestimmten kritischen Zellgröße und danach von einem zufallsbedingten „Übergang" in eine relativ autonome Ablaufkette abhängig gemacht wird. Dann gehen sowohl deterministische als auch zufällige Faktoren in den Programmablauf ein. Dabei ist es durchaus möglich, daß bei Mikroorganismen- und tierischen Zellen diese beiden Anteile ein unterschiedliches Gewicht in der Ausübung der Kontrolle über den Proliferationszyklus haben.

Weitere kinetische Untersuchungen von Zellpopulationen sind notwendig, um eindeutige theoretische Modelle zu entwerfen. Die Vertiefung der Kenntnisse auf diesem Gebiet ist bedeutungsvoll, wenn man gezielt auf bestimmte Zelleistungen, darunter besonders auch auf die Zellvermehrung, Einfluß nehmen will.

3. Regulatoren der Zellvermehrung

Die Erfahrung, daß normale Zellen für ihre Vermehrung unter Kulturbedingungen neben einem ausgewogenen Nährstoffangebot der *Zuführung biologischer Zusätze* zum Medium bedürfen (S. 56),

---

[1]) Dieses Modell unterscheidet also nicht mehr zwischen einer G_1- und einer G_0-Phase (siehe vergleichsweise Abb. 18). Nach ihm ist die G_0-Phase lediglich eine stark verlängerte G_1-Phase.

hat das Interesse an der Beantwortung der Frage geweckt, welcher Biofaktor hier entscheidend im Spiel ist. Seine Isolierung und chemische Charakterisierung würden sowohl für die zellbiologische als auch für die physiologische Forschung bedeutungsvoll sein.

Ohne Frage ist die *Zellkultur im Vergleich zum Organismus ein übersichtlicheres Modell* für derartige Untersuchungen. Die Zellen sind humoralen und neuronalen Einflüssen des Organismus entzogen. Ihre Vermehrung unterliegt allein der Autoregulation. Da Zellkulturen aus nur einem einzigen Zelltyp bestehen, sind Einflüsse anderer Zelltypen nicht vorhanden. Das chemisch definierte Standardmedium schafft klare Verhältnisse in der Bewertung der Wirkung verschiedener, vergleichend untersuchter Biofaktoren. Kontrollen stehen (theoretisch) jederzeit und in ausreichender Zahl in Form von Kulturen ohne Biofaktorzusatz zur Verfügung (in praxi kann jedoch auch bei diesen auf einen geringen Serumzusatz nicht verzichtet werden, weil sich anderenfalls die Zellen von der Unterlage ablösen würden). Schließlich gibt es eindeutige Bewertungsparameter für die Beurteilung der Wirkungsqualität des Biofaktors.

Tabelle 3

Im Proliferationsvorgang enthaltene Prozeßschritte und Bezeichnung der Biofaktoren, die sie stimulieren. Analog werden Hemmfaktoren („inhibition factors", „inhibitory factors") bezeichnet.

Prozeß	Eingeleitet oder unterstützt durch:
Anheftung an der Unterlage	Adhäsionsfaktor („attachment factor")
Zellausbreitung	Ausbreitungsfaktor („spreading factor")
Wanderung (Migration)	Migrationsfaktor („migration factor")
Zellerhaltung in der Kultur (ohne Vermehrung)	Überlebensfaktor („survival factor")
Auslösung der DNA-Synthese	DNA-Synthese-Initiierungsfaktor („DNA synthesis initiating factor")
Verstärkung der DNA-Synthese	DNA-Synthese-Stimulierungsfaktor („DNA synthesis stimulating factor")
Zellteilung, -vermehrung	Proliferationsfaktor, „Wachstumsfaktor", Mitosefaktor, Mitogen („cell growth promoting factor", „growth factor", „cell multiplicating factor")

Nachteilig erweist sich, daß der Vorgang der Zellvermehrung selbst in diesem Modell *noch sehr komplex* ist. Die Zellvermehrung in der Kultur setzt sich aus mehreren Teilprozessen zusammen bzw. ist an die Erfüllung vorausgehender Prozesse gebunden, die sämtlich der Gegenwart offenbar ganz spezifischer Biofaktoren bedürfen (Tabelle 3). Jeweils eine ganz bestimmte Versuchsanordnung ist deshalb nötig, um die Faktorwirkung auf diesen verschiedenen Ebenen zu erfassen bzw. die Wirkungsspezifität zu erkennen. Da ferner Dosis-Wirkungsbeziehungen herausgearbeitet werden müssen, gestaltet sich der Untersuchungsverlauf selbst bei diesem „einfachen" Modell noch umfangreich und kompliziert genug.

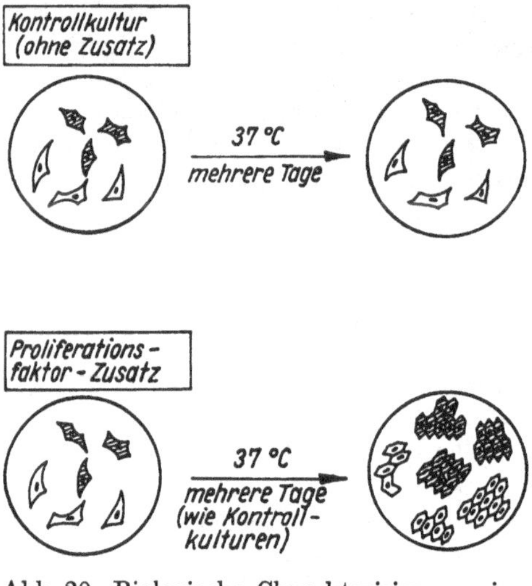

Abb. 20. Biologische Charakterisierung eines Proliferationsfaktors durch Nachweis der Erhöhung der Zellzahl einer Zellkultur im Verlauf einer mehrtägigen Bebrütung und in Abhängigkeit von der Konzentration des Biofaktors. Die Zellzahl wird zu Beginn (t_0) und nach Abschluß des Versuches (t_x) erfaßt und mit den entsprechenden Werten der (unbehandelten) Kontrollkulturen in Beziehung gesetzt.

Die Grundaussage, ob ein Biofaktor auf das Proliferationsgeschehen in der Zellkultur einwirkt, wird im wesentlichen durch zwei Versuchsanordnungen erbracht:

— *Nachweis der Initiierung oder Stimulierung der DNA-Synthese.* Hierzu wird den Zellkulturen radioaktiv markiertes (^{3}H)Thymidin in definierter Menge für eine bestimmte Zeit angeboten. Dieses wird in die neusynthetisierte DNA eingebaut und läßt sich nach Versuchsabschluß bei geeignetem Aufschluß der Zellen anhand der radioaktiven Strahlung quantitativ bestimmen. Jedoch ist zu beachten, daß DNA-Synthese nicht gleichbedeutend mit Mitose ist. Es muß deshalb zusätzlich noch der Beweis erbracht werden, daß der betreffende Biofaktor die Zellen auch tatsächlich bis zur Mitose führt.

— *Nachweis der Zellvermehrung.* Diese wird durch Zellzahlbestimmung erfaßt (Abb. 20, siehe auch S. 57) Das Verfahren ist aufwendiger als das vorhergehende, vermag aber endgültig die mitogene Wirkung eines Biofaktors zu belegen oder auszuschließen.

3.1. Proliferationsfaktoren aus dem Blut

Zur Komplettierung des Zellzüchtungsmediums wird als biologischer Zusatz fast ausschließlich *Blutserum*, überwiegend Kälberserum, verwendet. Es hat biologische Zusätze anderer Art, wie Embryoextrakt oder Kasein, nahezu vollständig verdrängt.

Serum wird gewöhnlich dem Medium zu 10 bis 20% (v/v) zugesetzt; „Serummangelkulturen" müssen mindestens noch 1 bis 3% Serum im Medium enthalten, um wenigstens einige Tage überleben zu können.

Das Serum erfüllt folgende *Funktionen:*

— *Förderung des Anheftens* der Zellen an der Unterlage. Der molekulare Mechanismus ist ungeklärt. Denkbar wäre die verstärkte Bildung eines oder mehrerer Adhäsionsfaktoren durch die Zellen unter Serumeinfluß. Fibronectin, ein Sekretionsprodukt bestimmter Zelltypen, wird als ein solcher Faktor angesehen.

— *Förderung der Ausbreitung bzw. Abflachung* der Zellen an der (Glas-)Unterlage als Voraussetzung für den Vermehrungsvorgang. Die Ausbreitung findet auf Polystyrol-Unterlage auch in Abwesenheit von Serum statt. In Glasgefäßen bedürfen nicht alle Zelltypen dieser Förderung.

— *Stimulierung der DNA-Synthese.* Interaktion eines spezifischen Biofaktors mit der Zelle, die er aus der G_1-Phase herausführt. Der eigentlichen DNA-Synthese gehen Protein-(Enzym)- und RNA-Syntheseprozesse voraus.

— *Stimulierung der Zellvermehrung.* Hierbei wird mindestens ein weiterer Biofaktor wirksam, der nach erfolgtem Start der DNA-Synthese den Proliferationszyklus in Gang hält.

— *Förderung weiterer Zellfunktionen,* die hier unberücksichtigt bleiben müssen: Transport von Nukleinsäurevorläufern und Aminosäuren, RNA- und Proteinsynthese, Phospholipidmetabolismus, Zellmobilität, Zelldifferenzierung.

Entzug des Serums aus dem Medium führt demzufolge zum Sistieren einer Reihe von Stoffwechselabläufen und Zellfunktionen, u. a. auch der Proliferation. Die meisten Zelltypen stellen nicht sofort, d. h. nicht in derjenigen Proliferationszyklusphase, in der sie sich gerade befinden, ihre Vermehrung ein, sondern laufen überwiegend in der G_1-Phase auf. Sie verharren in ihr, bis ein neuer Stimulator sie aus dieser Phase herausführt.

Vergleichsuntersuchungen von Seren aus dem Blut von Rinderfeten, neugeborenen Kälbern, älteren Kälbern und Rindern ergaben, daß die beiden ersten die höchste und Rinderserum gewöhnlich die geringste Wirksamkeit besitzen. Blutplasma, d. h. Blutflüssigkeit, die durch Antikoagulantienzusatz ungerinnbar gemacht und durch Zentrifugation von geformten Bestandteilen, einschließlich Blutplättchen, befreit wurde, besitzt so gut wie keine Wirkung auf die Zellproliferation.[1]) Aus diesen Untersuchungen läßt sich ableiten, daß *Proliferationsfaktoren*

1. im fetalen Serum besonders stark angereichert sein müssen;
2. im Verlauf des Blutgerinnungsvorganges zumindest größtenteils erst entstehen.

Letztere Feststellung weist auf eine mögliche Rolle der Blutplättchen beim Entstehen von Proliferationsfaktoren hin. Tatsächlich konnten sie dieser Rolle überführt werden, da ein proliferationsfördernder „Plättchenfaktor" aus ihnen isoliert werden kann (S. 79ff.).

Mit dieser Ausnahme und dem Nachweis, daß im Blutserum enthaltenes Insulin (S. 71ff.) und die insulin-ähnlichen Biofaktoren

---

[1]) Dies trifft besonders für Bindegewebszellen, nicht aber z. B. für transformierte Fibroblasten, (normale) Aortaendothel-, Nieren- oder Leberzellen zu. Außerdem erweisen sich bestimmte Zelltypen gegenüber Blutplasma auch dann als ansprechbar, wenn sie auf einer natürlichen extrazellulären Matrix (einer von den Zellen gebildeten Basalmembran) oder auf künstlich angelegter Kollagenunterlage gezüchtet werden.

(S. 76ff.) ebenfalls einen Proliferationseffekt ausüben, sind bisherige Bemühungen um Isolierung eines chemisch definierbaren Faktors unbefriedigend geblieben. Allerdings ist die Mitwirkungsrolle einer Reihe niedermolekularer Stoffe besser erkannt und eine Reihe hochmolekularer, biologisch aktiver Serumfraktionen bzw. Serumkomponenten gewonnen worden. Bei letzten ließen sich die mitgeteilten Befunde jedoch nicht immer reproduzieren, oder ihre Wirkung ist nur auf einen oder einige wenige Zelltypen begrenzt und zudem nicht selten fraglich.

Die Tatsache, daß sich unter den hochmolekularen mitogenen Serumfraktionen ganz verschiedenartige Serumproteine befinden, hat den Verdacht geweckt, daß möglicherweise Serumproteine als Träger für aktive, kleinere Moleküle, wie Polypeptide, fungieren. Tatsächlich wurden die aus Gewebe gewinnbaren Proliferationsfaktoren als Polypeptide identifiziert. Ihr Aufenthalt im Blut mag nur vorübergehend sein und das Blut dabei lediglich eine Transportfunktion erfüllen. Die geringe Konzentration, in denen sie im Serum vertreten sind, ist eine Erklärung, warum die intensiven Bemühungen um ihre Isolierung nicht den erwarteten Erfolg brachten. Hinzu kommt, daß die Proliferationsfaktoren im Serum in einem heterogenen Pool anderer Eiweißstoffe schwer trennbar eingeschlossen sind.

Alle diese Erfahrungen und Überlegungen sind ein Grund dafür, daß die Biofaktorsuche im Serum in den letzten fünf Jahren im Prinzip aufgegeben worden ist. Obwohl Insulin im Pankreasgewebe gebildet wird, kann es, da seine proliferationsfördernde Wirkung über Serumuntersuchungen erkannt wurde, zusammen mit den insulin-ähnlichen Biofaktoren und den Somatomedinen sowie dem Plättchenfaktor noch am ehesten als erfolgreiches Resultat der Faktorsuche im Serum verbucht werden.

3.1.1. Das Insulin

3.1.1.1. Chemische Struktur und Biosynthese

Das Insulin ist ein *Polypeptid*, das aus zwei Peptidketten mit insgesamt 51 Aminosäuren besteht (Abb. 21). Sein Vorläufer, das Proinsulin, wird als einkettiges Molekül mit etwa 80 Aminosäuren in den B-Zellen der LANGERHANSschen Inseln der *Bauchspeicheldrüse* (Pankreas) synthetisiert. Er wird innerhalb der Zelle einer partiellen Proteolyse unterzogen, bei der eine Teilsequenz, das sogenannte C(onnecting)-Peptid, herausgespalten wird. Die beiden übrigbleibenden Polypeptidenden — durch 2 Disulfidbrücken miteinander verknüpft — bilden das biologisch aktive Insulinmolekül. Es besitzt eine relative Molekülmasse von 5733.

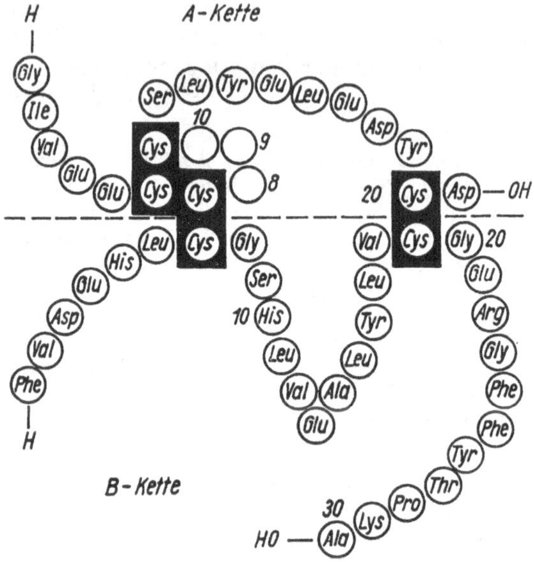

Abb. 21. Strukturschema des Insulins. Über zwei Disulfidbrücken sind die A- und die B-Kette miteinander verknüpft. Es bestehen speziesspezifische Abweichungen in den Positionen 8, 9 und 10 der A-Kette: Thr-Ser-Ile bei Mensch, Schwein, Hund, Kaninchen; Ala-Ser-Val beim Rind; Ala-Gly-Val beim Schaf; Thr-Gly-Ile beim Pferd (als Beispiele).

Zwischen den Molekülen des Insulins bzw. Proinsulins und des Nervenwachstumsfaktors (S. 92) bestehen gewisse Ähnlichkeiten in bezug auf die Primär- und Tertiärstruktur.

3.1.1.2. Biologische Wirkungen

Im Organismus übt das Insulin außerordentlich wichtige *Funktionen im Kohlenhydrat-, Fett- und Eiweißstoffwechsel* aus (siehe E. Hoffmann, WTB-Reihe, Band 129). Seit 1924 ist sein förderlicher Einfluß auf das Wachstum von Gewebekulturen bekannt.

In Kulturen unterschiedlicher Zelltypen, so vor allem in Primärkulturen von Fibroblasten, aber auch in Kulturen permanenter Zellinien (GH3, HeLa, M2R), stimuliert das Insulin neben der Glukoseoxidation die *DNA-Synthese und die Zellvermehrung.* Dichtegehemmte Zellen werden teilweise in den Proliferationszyklus zurückgeführt.

Diese Effekte sind aber nur nachweisbar, wenn auf den Serumanteil im Kulturmedium verzichtet wird oder dieser unterhalb des optimalen Bereiches gehalten wird. Außerdem muß das Insulin in einer Dosis eingesetzt werden ($>$ 0,04 μg/ml bzw. 1000 μE/ml)[1], die weit über der physiologischen Konzentration im (menschlichen) Blut (= 0,008 μg/ml bzw. 20 μE/ml) liegt. Sind diese Voraussetzungen erfüllt, so vermag es die Thymidin-Inkorporation und damit die DNA-Synthese bei Fibroblasten in einem Ausmaß zu erhöhen, das der Wirkung eines 10%igem Serumzusatzes zum Medium gleichkommt (Abb. 22). Diese Ergebnisse sind aber nicht verallgemeinerungsfähig, weil zelltypspezifische Unterschiede beobachtet werden können. So lassen sich z. B. glatte Muskelzellen aus der Aortawand selbst mit sehr hohen Insulindosen auf nur höchstens 50% des Wirkungsgrades eines 5%igen Serumzusatzes zum Medium stimulieren.

Warum für die Auslösung der biologischen Antwort bei kultivierten Zellen *unphysiologisch hohe Insulinkonzentrationen* nötig sind, ist ungeklärt. Möglicherweise ist ein Grund darin zu sehen, daß zumindest in Cystein enthaltenenden Nährmedien das Insulin bei 37 °C schnell inaktiviert wird. Wie radioimmunologische Messungen ergaben, sind innerhalb einer Stunde 90% des zugesetzten Insulins aus dem Medium entfernt. Ersatz des Cysteins durch Cystin setzt übereinstimmend mit diesem Befund die effektive Dosis des Insulins für die Stimulierung der Glykogensynthese um den Faktor 10 herab. Trotzdem bleibt aber die effektive Dosis hierbei noch weit über der physiologischen Konzentration des Polypeptids im Serum.

Ein anderer Gesichtspunkt ist, daß das Insulin seine Wirkung auf kultivierte Zellen über *Rezeptoren* realisiert, die eigentlich für insulin-ähnliche Biofaktoren (S. 74ff.) bestimmt sind und für die es eine nur geringe Affinität besitzt.

Kompliziert wird die Situation aber dadurch, daß einige wenige Zelllinien (MCF7, ZR-75-1) bekannt sind, die bereits auf physiologische Insulindosen ansprechen.

---

[1]) Kristallines Insulin enthält etwa 24 Einheiten pro Milligramm.

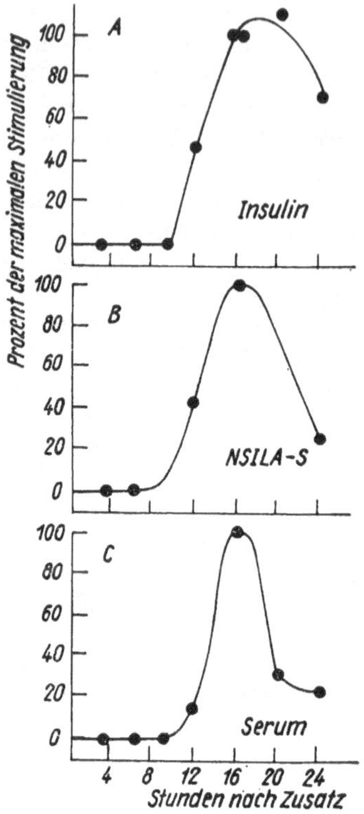

Abb. 22. ^3H-Thymidin-Einbau in die DNA von menschlichen Bindegewebszellen als Funktion der Zeit. Die Zellkulturen erhielten 20 μg/ml Insulin (A), 1 μg/ml NSILA-S (B) oder 10% Serum (C) als Zusatz zum Nährmedium. Bezüglich NSILA-S siehe S. 74.

Die *biologischen Effekte von Insulin und Serum* sind additiv, und zwar derart, daß die Kombination beider den Thymidin-Einbau stärker stimuliert als jede Komponente für sich allein. (Widersprechende Ergebnisse sind wahrscheinlich methodisch bedingt). Aus dieser Feststellung kann auf unterschiedliche Wirkungsmechanismen von Insulin und Serum bzw. auf das Vorhandensein zusätzlicher Proliferationsfaktoren im Serum geschlossen werden. In Übereinstimmung hiermit steht, daß das Insulin das Serum nur teilweise ersetzen kann und daß insulinfreies Serum die Zellvermehrung noch immer stimuliert, wenn auch in einem geringeren Grad als nicht von Insulin befreites. Insulin in Kombination mit Vitamin B_{12} oder FGF (S. 95ff.) vermag bei bestimmten Zellinien das Serum vollständig zu ersetzen.

Alle diese Befunde weisen darauf hin, daß das Insulin nicht die Eigenschaften eines physiologischen Proliferationsfaktors besitzt. Hinzu kommt, daß seine Wirkung keinesfalls spezifisch auf die Auslösung der Proliferation ausgerichtet ist. Indessen wird eine ganze Reihe zellulärer Prozesse in Gang gesetzt, und zwar in folgender Aufeinanderfolge: Erhöhung der Glukoseaufnahme und Verminderung der Leuzinaufnahme (als frühe Antwort), Zunahme des Zellvolumens, Stimulierung der RNA- und der Proteinsynthese, Stimulierung der Thymidinaufnahme, DNA-Synthese, Mitose und Zellteilung. Offenbar handelt es sich hierbei um ein Funktionsprogramm, das über eine zentrale Schaltstelle in seiner Gesamtheit abgerufen werden kann und in koordinierter, konstanter Weise von der Zelle realisiert wird. Eine solche komplexe Reaktionsweise der Zelle wird als *positive pleiotypische Antwort*[1]) bezeichnet.

Mittels trägerfixierten Insulins (kovalente Bindung an Sepharosekügelchen) ließ sich zeigen, daß für die Induktion der positiven pleiotypischen Antwort bei ansprechbaren Zellen (Hühnerfibroblasten gehören nicht zu diesen) allein die Wechselwirkung mit der Zytomembran und nicht die zelluläre Aufnahme des Insulinmoleküls erforderlich ist. Hiermit steht der radiochemische Nachweis von Insulinrezeptoren an Zellen im Einklang. Morphologischer Ausdruck der Membranaktivität des Insulins, aber auch einiger Enzyme, wie der Neuraminidase und verschiedener Proteasen, ist die deutlich gesteigerte Pinozytose, d. h. die Aufnahme von Flüssigkeitstropfen durch die Zellen.

Ungeachtet der kritischen Einschätzung, der das Insulin hinsichtlich seiner Funktion als Proliferationsfaktor unterzogen werden muß, wird es recht häufig als *Bestandteil von Wirkstoffkombinationen* empfohlen, mit denen angestrebt wird, den unzureichend standardisierbaren Serumanteil im Nährmedium zu ersetzen.

Das *Proinsulin* steht dem Insulin an proliferativer Wirksamkeit nicht nach, besitzt aber im Unterschied zu ihm eine nur geringe Stoffwechselwirkung. Das ist ein Hinweis darauf, daß beide Prozesse über unterschiedliche Rezeptoren gesteuert sein könnten.

---

[1]) Als „negative pleiotypische Antwort" wird die Gesamtheit der zellulären Reaktionen bezeichnet, die eintreten, wenn den Zellen die Proliferationsfaktoren entzogen werden.

3.1.2. *Insulinähnliche Biofaktoren*

Neben dem Insulin enthält das Blutplasma Biofaktoren mit insulinähnlicher Wirkung in entsprechenden Bioassays (Zwerchfell-, Fettgewebsmethode), die sich aber mit insulinspezifischen immunologischen Nachweisverfahren, wie dem Radioimmunoassay, nicht erfassen lassen. Sie sind im Blutplasma in 10 bis 100fach höherer Konzentration enthalten als der immunreaktive Insulinanteil. Menschliches Blutplasma enthält etwa 200 μE/ml immunologisch hemmbare Insulinaktivität.

3.1.2.1. *Chemische Strukturen*

Es handelt sich um eine heterogene Gruppe von Polypeptiden, die bis vor wenigen Jahren mangels Kenntnissen über ihre individuelle chemische Struktur unter der Bezeichnung *„nonsuppressible insulin-like activity"* (*NSILA*) im internationalen Schrifttum geführt wurden. Aus ihr ließ sich später eine Fraktion abtrennen, die in Säurealkohol löslich („*s*oluble") ist und entsprechend NSILA – *S* genannt wurde. Sie besitzt eine relative Molekülmasse von etwa 7000 und war bevorzugtes Studienobjekt in Zellkulturen (s. u.).

Heute weiß man, daß sich NSILA-S weiter in zwei Biofaktoren auftrennen läßt (NSILA I und II), für die jetzt die Bezeichnungen *Insulinähnliche Wachstumsfaktoren I und II* („*i*nsulin-like *g*rowth *f*actors" = *IGF*) eingeführt sind. Wahrscheinlich enthält menschliches Blutplasma eine dritte NSILA-Komponente, und zwar ein Protein mit der relativen Molekülmasse 100000 bis 150000, über deren Struktur oder physiologische Rolle bis jetzt nichts Näheres ausgesagt werden kann.

Indessen ist die Primärstruktur von IGF I und II von den Schweizer Wissenschaftlern RINDERKNECHT und HUMBEL Ende der siebziger Jahre aufgeklärt worden (Abb. 23). Zwischen beiden Polypeptiden (M_r = 7649 bzw. 7471) und dem menschlichen Insulin bestehen partielle Homologien in der Aminosäuresequenz. Ferner bestehen strukturelle Ähnlichkeiten zum Somatomedin A (S. 77) und zur „Vermehrungsstimulierenden Aktivität" aus konditioniertem Nährmedium (S. 103ff.). Alle diese Biofaktoren konkurrieren um den gleichen Rezeptor, zumindest an bestimmten Targetzellen.

Wie die Somatomedine (S. 77ff.) sind IGF I und II im Blut an ein spezifisches, wahrscheinlich sogar das gleiche Trägerprotein

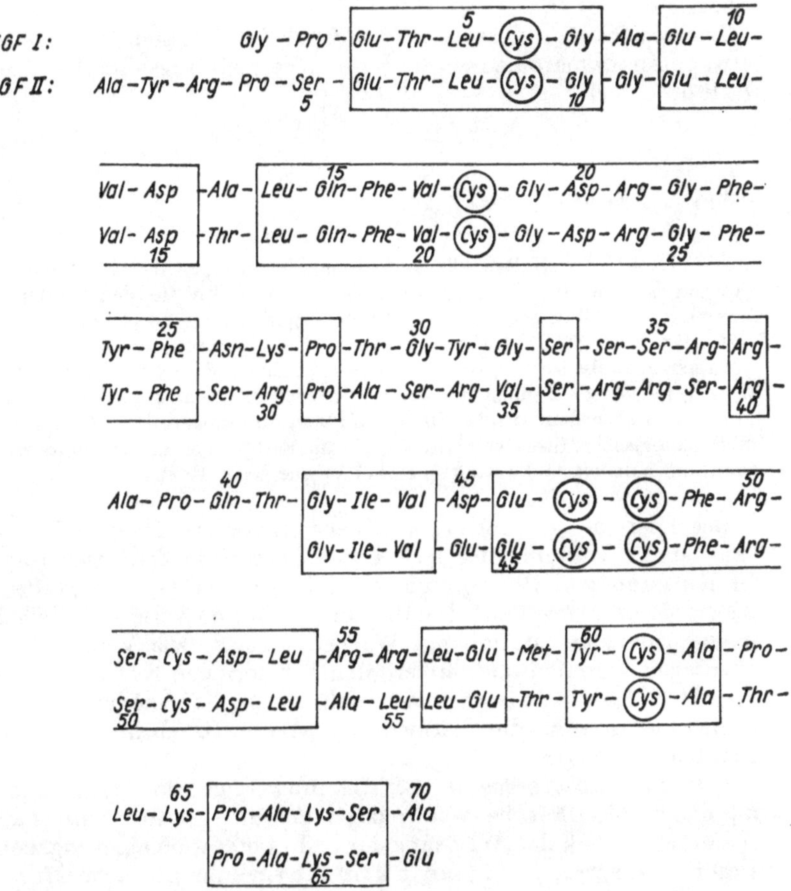

Abb. 23. Gegenüberstellung der Primärstrukturen des IGF I und II. Die umrandeten Partialsequenzen sind homolog. Die Identität der Aminosäurepositionen beträgt 62%. Die Moleküle beider Biofaktoren enthalten 6 Cystinreste (Cys), so daß jeweils drei intramolekulare Disulfidbrücken bestehen.

gebunden. Die Synthese beider Biofaktoren und des Trägerproteins scheinen *unter der Kontrolle des Wachstumshormons* (S. 36ff.) zu stehen.

Zur biologischen *Gesamtaktivität der NSILA* tragen die bereits erwähnten Somatomedine und die „Vermehrungsstimulierende Aktivität" bei.

3.1.2.2. Biologische Wirkungen

IGF I und II entfalten alle biologischen Wirkungen des Insulins. Im Fettgewebe und in isolierten Fettzellen stimulieren sie den Glukosetransport, die Glukoseoxidation und die Lipidbildung und hemmen die Aktivität des cAMP (S. 124) und damit die Lipolyse (= Lipidabbau). Im Muskelgewebe fördern sie den Glukosetransport, die Glykolyse und die Glykogensynthese. Jedoch sind sie hinsichtlich dieser metabolischen Wirkungsqualitäten dem Insulin 10 bis 100fach unterlegen. Zur Auslösung ihres biologischen Effektes benutzen sie im Fettgewebe die Insulinrezeptoren, im Muskelgewebe wahrscheinlich eigene Rezeptoren.

Besonders hervorstechend und hier von vordergründigem Interesse ist die Wirkung der IGF I und II auf die *Zellvermehrung*. In Kulturen von Bindegewebszellen induzieren sie eine *positive pleiotypische Antwort* wie das Insulin (S. 73) und vermögen Zellen in der ruhenden, stationären Wachstumsphase zur Vermehrung anzuregen. Bereits in der außerordentlich geringen Konzentration von 10^{-9} M in einem chemisch definierten Nährmedium rufen beide Biofaktoren die Vermehrung von z. B. Hühnerembryofibroblasten hervor.

Ihre *spezifische mitogene Aktivität* übersteigt die des Insulins um das 50 bis 100fache, wodurch die Meinung gestützt wird, daß sie für den Zweck der Auslösung der Zellproliferation einen eigenen Rezeptor ansprechen, für den das Insulin eine nur schwache Affinität besitzt.

Ihre physiologische Rolle scheint eher auf die Zellproliferation als auf die Stimulierung metabolischer Prozesse ausgerichtet zu sein. Hierfür spricht auch die *Abhängigkeit* ihrer Bildung vom *Wachstumshormon*. So werden subnormale Blutplasmaspiegel an IGF bei hypophysärem Zwergwuchs und relativ hohe bei Akromegalie (S. 38) beobachtet. Auf Grund dieser Eigenschaft könnten IGF I und II den Somatomedinen zugeordnet werden, die ebenfalls im Dienst des Wachstumshormons stehen.

3.1.3. Die Somatomedine

3.1.3.1. Physikochemische Eigenschaften und Antigengemeinschaften

Bei den Somatomedinen handelt es sich um eine *Gruppe von Polypeptiden*, die im Blutplasma, nichtkovalent an Trägerproteine gebunden, zirkulieren. Ihre Synthese steht *unter der Kontrolle des Wachstumshormons* (S. 36ff.) und erfolgt in den Leberzellen. Das Wachstumshormon bedient sich im Organismus der Somatomedine für die praktische Umsetzung der in ihm enthaltenen Information. Diese Erkenntnis trug zur Namensgebung dieser Biofaktorengruppe bei: *Medi*atoren (= Vermittler) des *Somato*tropins (= Wachstumshormon).

Es werden drei Somatomedine, und zwar Somatomedin A, B und C, unterschieden. Sie lassen sich auf verschiedenen präparativen Wegen aus dem Blutplasma gewinnen. Somatomedin A ist ein neutrales Polypeptid, bestehend aus 59 Aminosäuren, mit der relativen Molekülmasse 7600, Somatomedin B dagegen ein saures Polypeptid mit der relativen Molekülmasse von etwa 4700; letztes besteht aus 44 Aminosäuren. Beide bilden mit spezifischen Trägerproteinen Komplexe zwei verschiedener Größen ($M_r \approx 50000$ und 150000), die u. a. die physiologische Aufgabe haben könnten, Insulinrezeptoren vor der Besetzung durch freies Somatomedin zu schützen. Es wird angenommen, daß der große Komplex die biologisch aktive Form der Somatomedine darstellt.

Somatomedin C ist als letztes aufgefunden worden. Seine Beziehungen zu den anderen Somatomedinen sind noch nicht vollständig klar. Nach dem Ergebnis der Computeranalyse besteht es aus 78 Aminosäuren. Seine Aminosäuresequenz ist partiell aufgeklärt; es zeichnen sich Homologien mit dem Insulinähnlichen Wachstumsfaktor I (S. 74) ab. Mit diesem und dem Insulin kreuzreagiert bzw. konkurriert Somatomedin C in entsprechenden immunologischen (Radioimmunoassay) oder bindungskinetischen Untersuchungsverfahren (Insulinrezeptorassay). Auch zwischen Somatomedin A und den Insulinähnlichen Wachstumsfaktoren I und II bestehen antigene Verwandtschaften.

3.1.3.2. Biologische Wirkungen

Die Somatomedine A und C stimulieren den *Einbau von* (radioaktiv markiertem) *Sulfat in das Knorpelgewebe*, eine biologische Wirkungskomponente, die früher dem Somatomedin A die Bezeichnung „Sulfatierungsfaktor“ einbrachte. Der Einbau erfolgt in die Glykosaminoglykane, deren Bildung von Bedeutung für das Knorpel- und Knochenwachstum ist. Auf Fettgewebe und Muskulatur üben sie *insulinähnliche Wirkungen* aus. Die Stimulierung der Lipidsynthese erfolgt durch Interaktion mit Insulinrezeptoren.

An isolierten Knorpelzellen läßt sich die Förderung des Sulfateinbaus durch die Somatomedine bestätigen. In Kulturen von Bindegewebszellen und von Zellen des Stützgewebes des Zentralnervensystems, den Gliazellen, induziert Somatomedin B eine *positive pleiotypische Antwort* (S. 73). Es scheinen aber nicht alle Zellen einer Kultur angesprochen zu werden, weil der vom Serum ausgelöste Proliferationsgrad nicht erreicht wird. Somatomedin wirkt speziesunspezifisch: Es werden Bindegewebszellen von Nagetieren (Maus, Ratte) gleichermaßen wie die des Menschen zur Proliferation veranlaßt.

Auch für Somatomedin C gilt, daß es den *Einbau von Thymidin* in menschliche Bindegewebszellen fördert. Allerdings hängt hier der Erfolg von der Gegenwart noch anderer Biofaktoren ab, z. B. vom Zusatz von Serin (α-Amino-β-oxypropionsäure). Unter dieser Voraussetzung wird der Stimulierungsgrad eines mengenmäßig gleichen Vollserumzusatzes erreicht.

Zusatz von Wachstumshormon zum Nährmedium besitzt keinen modulierenden Einfluß auf die Wirkung von Somatomedinen, weil dessen Wirkung über die Biosynthese bzw. Freisetzung der Somatomedine realisiert wird, zu der Bindegewebszellen nicht imstande sind. In Leberzellkulturen ist dagegen die Freisetzung von Somatomedinen in das Nährmedium mittels Radioimmunoassays bestätigt gefunden worden.

Die Somatomedine scheinen überwiegend oder ausschließlich auf solche Zelltypen mitogen zu wirken, die dem Binde- und Stützgewebe angehören. Zusammen mit ihrer insulinähnlichen anabolen Wirksamkeit wird hierdurch die *physiologische Bedeutung der Somatomedine für das Körperwachstum* unterstrichen.

3.1.4. *Die* PICKART*schen Tripeptide*

3.1.4.1. *Chemische Strukturen*

Im Ergebnis der Aufreinigung einer zellstimulierenden Aktivität aus menschlichem Blutserum sind die beiden *Tripeptide* Gly-His-Lys und Gly-Lys-His isoliert und als Wirkungsträger erkannt worden. Sie stehen als chemosynthetisierte Reinsubstanzen zur Verfügung. Im Blutplasma bildet das Glyzylhistidyllysin Komplexe mit Kupfer- und Eisenionen.

3.1.4.2. *Biologische Wirkungen*

Beide Tripeptide *fördern das Überleben* von normalen Leberzellen unter Kulturbedingungen und stimulieren die *RNA-, Protein- und DNA-Synthese* sowie die *Mitose* von Hepatomzellen, das sind tumorös entartete Leberzellen. Die wirksame Konzentration beträgt 50 bis 200 ng pro Milliliter Kulturmedium. Tripeptid-Metall-Komplexe erweisen sich zusätzlich als vorteilhaft für die Anheftung von Hepatomzellen an der Unterlage.

Interessant ist ferner, daß Glyzylhistidyllysin das Auswachsen von Nervenfasern aus Nervenzellen und damit die *Nervenzelldifferenzierung* unterstützt. In dieser Hinsicht bestehen Wirkungsähnlichkeiten mit dem NGF (S. 92 ff.).

3.1.5. *Der Plättchenfaktor*

3.1.5.1. *Vorkommen und physikochemische Eigenschaften*

Der Plättchenfaktor ist in *Blutplättchen* (*Thrombozyten*), vielleicht neben noch anderen Mitogenen, enthalten und wird während der durch Adhäsion oder Aggregation bedingten Aktivierung der Thrombozyten freigesetzt.

Der in menschlichen Thrombozyten vorhandene Plättchenfaktor ist bis zu etwa 90%iger Reinheit aufgereinigt worden. Er ist ein kationisches (Isoelektrischer Punkt: 9,8), *hitzestabiles* (200 °C, 2 bis 10 min), durch Proteasen abbaubares *Polypeptid* mit der relativen Molekülmasse 13000 (bis 16000). Innerhalb der Thrombozyten befindet er sich zusammen mit zwei nichthomogenen Biofaktoren (Thrombozytenfaktor 4, β-Thromboglobulin) in den α-Granula des Zytoplasmas. Er ist der einzige Proliferationsfaktor, dessen intrazelluläre Lokalisation bekannt ist.

Etwa ein Tausendstel des Gesamtproteins menschlicher Thrombozyten entfällt auf ihn. Die spezifische Aktivität des Plättchenfaktorpräparates, bezogen auf Proteinbasis, ist zweimillionenfach größer als die des Blutserums. Aus den Thrombozyten von rund 50 Personen können etwa 18 μg des Präparates gewonnen werden.

Da durch Reduktion mit 2-Merkaptoäthanol die biologische Aktivität zerstört wird, ist anzunehmen, daß das Plättchenfaktormolekül Disulfidbrücken aufweist. Mit der Aufklärung der Primärstruktur ist demnächst zu rechnen.

Die Ergebnisse erster kinetischer Studien mit einem radiomarkierten Reinpräparat an Gliazellen sprechen für die *Rezeptornatur der Bindung.*

3.1.5.2. Biologische Wirkungen

Die Freisetzung des Plättchenfaktors von den Thrombozyten in das Blutserum während des Blutgerinnungsvorgangs erklärt, warum Serum aus Blut mit einem normalen Anteil geformter Elemente eine beträchtliche stärkere *mitogene Wirksamkeit* auf Zellkulturen besitzt als solches aus Blut mit stark verminderter Thrombozytenzahl oder gar blutzellfreies Plasma, das dem Blutgerinnungsvorgang überhaupt nicht unterworfen ist. Allerdings gilt das nicht für alle Zelltypen und oft auch nur für den Fall, daß die Zellen auf Glas- oder Kunststoffunterlage, d. h. nicht auf einem biologischen Substrat, wie z. B. Kollagen, gezüchtet werden.

Bindegewebszellen, glatte Muskelzellen aus den Gefäßen, Neurogliazellen des Gehirns und gelenkflüssigkeitproduzierende Synovialzellen gehören zu derjenigen mesenchymalen Zellgruppe, auf die der Plättchenfaktor in nanomolarer Konzentration mitogen wirkt. Die DNA-Synthese von Gliazellen wird durch 1—4 ng/ml (≙ 0,1—0,13 nM) des Reinpräparates in einem Ausmaß stimuliert, das dem durch 1%igen Humanserumzusatz bewirkten vergleichbar ist.

Permanente Mäusefibroblasten (BALB/c 3T3) sind bevorzugtes Untersuchungsobjekt. 10^4 dichtegehemmte, ruhende Zellen werden durch 1 ng/ml (0,1 nM) Plättchenfaktor zur Aufnahme der *DNA-Synthese* angeregt. Etwa 10^6 Faktormoleküle pro Zelle werden für die Auslösung eines einzigen, kompletten Proliferationszyklus benötigt. Die Wirksamkeit des Plättchenfaktors ist vergleichbar mit der anderer potenter Proliferationsfaktoren, wie EGF, FGF oder die Somatomedine.

Im Gegensatz zu lediglich teilgereinigten Plättchenfaktorpräparaten ist für die Wirkungsauslösung des hochgereinigten Präparates das Vorhandensein eines geringen Blutplasmaanteils im Zellkultursystem erforderlich. Es wird deshalb angenommen, daß der Plättchenfaktor als „*Kompetenzfaktor*" wirkt, indem er die in der G_0/G_1-Phase arretierten Zielzellen ansprechbar macht für einen „Progressionsfaktor", der die Zellen (BALB/c 3T3) in die S-Phase führt und dadurch der eigentliche Initiator des Proliferationszyklus ist. Hierfür spricht, daß die Stimulierung der DNA-Synthese der Zellen sowohl von der Konzentration des Plättchenfaktors als auch von der des Blutplasmas abhängig ist. Soweit bisher bekannt, besitzen die Somatomedine A und C, die „Vermehrungsstimulierende Aktivität" (S. 103), die Insulinähnlichen Wachstumsfaktoren sowie in geringerem Grad auch das Insulin und das Steroidhormon Hydrokortison solche Progressionsfaktorfunktion. Teilgereinigte Plättchenfaktorpräparate enthalten offenbar noch einen Progressionsfaktor, da sie auch ohne Plasmafaktoren die Zellvermehrung auszulösen vermögen.

Kinetischen Untersuchungen zufolge muß der Plättchenfaktor nicht kontinuierlich im Medium vorhanden sein, um „Kompetenz" herzustellen. Die Zeitspanne, während der er zur Sicherung einer maximalen DNA-Synthese zugegen sein muß, ist eine Funktion der Konzentration des Kompetenz- und des Progressionsfaktors sowie der Temperatur. Eine hohe Konzentration des Plättchenfaktors führt bei 37 °C den Kompetenzzustand am schnellsten herbei. Dieser Zustand soll nach Eliminierung des Plättchenfaktors für mindestens weitere 13 Stunden erhalten bleiben. Die Zahl der Zellen, die in die S-Phase eintreten, ist von der Konzentration des Progressionsfaktors abhängig.

Es bleibt abzuwarten, ob dieses interessante Konzept eines notwendigen Synergismus von Kompetenz- und Progressionsfaktoren zur Auslösung der Proliferation über den speziellen Fall des hierfür herangezogenen Biofaktor-Zell-Systems hinausgehende Gültigkeit besitzt; dies deutet sich insofern an, als z. B. auch der FGF (S. 95ff.), allerdings im gleichen Zellsystem (nicht aber der EGF oder NGF), Kompetenzfaktoreigenschaften besitzt.

In bezug auf Endothelzellen, die die Innenoberfläche der Blutgefäße (Abb. 24) bilden und sich im Organismus in ständigem Kontakt mit dem strömenden Blut befinden und demzufolge auch dem Angriff aktivierter Thrombozyten unmittelbar ausgesetzt sind, sind die anfangs negativen Ergebnisse von Stimulierungsversuchen mit Plättchenfaktor so gedeutet worden, als verfüge dieser Zelltyp über einen Schutzmechanismus, der ihn der Einflußsphäre des Plättchenfaktors entzieht, um nicht ständig zur Vermehrung angeregt zu werden. Inzwischen ist aber bekannt, daß unter bestimmten Voraussetzungen (menschliche Nabelvenen-) Endothelzellen sehr wohl durch Plättchenfaktor unter Kultur-

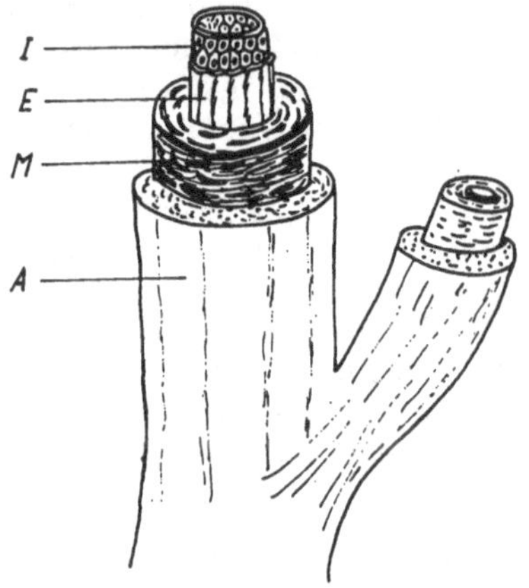

Abb. 24. Schematische Darstellung eines Blutgefäßes (Arterie). I = Intima (Endothelzellrohr); E = Elastica interna (Basalmembran mit elastischen Fasern); M = Media (Schicht aus glatten Muskelzellen); A = Adventitia (Bindegewebsschicht).

bedingungen stimuliert werden, nämlich dann, wenn sie einer Gelatineunterlage aufsitzen und wenn zusätzlich zum Progressionsfaktor Thrombin (0,5 ng/ml) zugegen ist. Thrombin, eine bei der Blutgerinnung freiwerdende, die Umwandlung von Fibrinogen in Fibrin bewirkende Protease, besitzt für sich allein keine mitogenen Eigenschaften.

Es ist demzufolge möglich, daß die *physiologische Aufgabe des Plättchenfaktors* im Überwinden von Gefäßwandschäden besteht. Die Prozeßkette könnte eingeleitet werden durch die übliche Adhäsion und Aggregation von Thrombozyten an Defektstellen der Endothelzellenschicht. Dadurch werden die Thrombozyten aktiviert und zur Ausschüttung des Plättchenfaktors bewegt.

Es ist denkbar, daß der freigesetzte Plättchenfaktor am Wirkungsort die notwendig hohen Konzentrationen erreicht, um zusammen mit dem im Gefolge der örtlichen Blutgerinnung freiwerdenden Thrombin und den im Blutplasma vorhandenen Progressionsfaktoren die Vermehrung von Endothelzellen auszulösen mit dem Ziel, den Defekt zu verschließen. In der Abb. 25 sind die Beziehungen zwischen Plättchenfaktor und Blutgerinnung aufgezeigt.

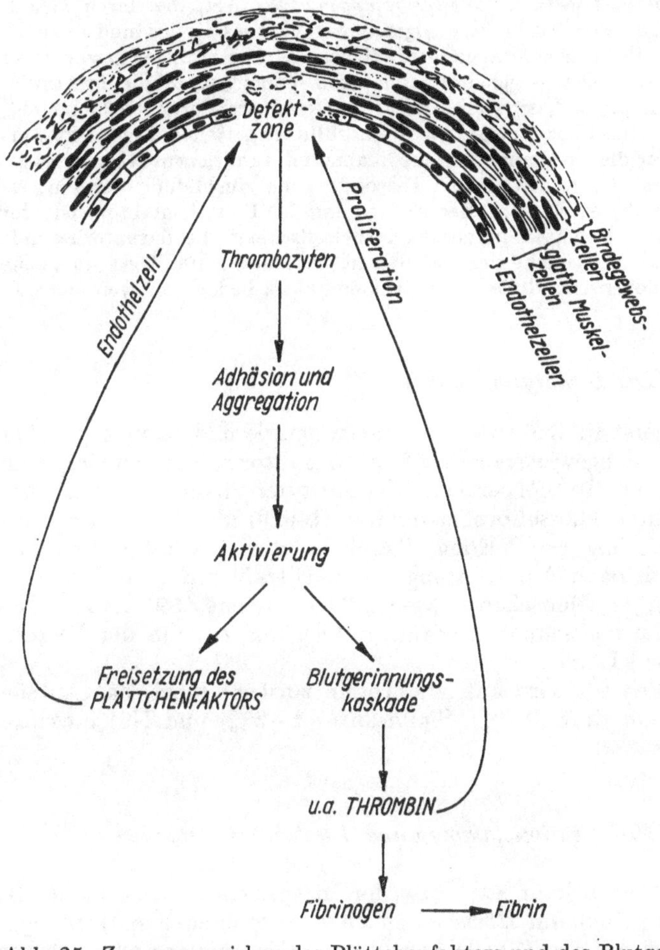

Abb. 25. Zusammenwirken des Plättchenfaktors und des Blutgerinnungssystems bei der Reparatur von Schäden der inneren Blutgefäßoberfläche.

Die Tatsache, daß der Plättchenfaktor bei Fibroblasten neben der Proliferation auch die *Synthese von Kollagen und Glykosaminoglykanen*, den für das Bindegewebe charakteristischen Zwischensubstanzen stimuliert, paßt sich recht gut in das Funktionsbild eines wundheilungsfördernden Biofaktors ein.

Für den Plättchenfaktor wird ferner eine ***Mitbeteiligung beim Entstehen von atherosklerotischen Gefäßveränderungen*** diskutiert, die durch Wandverdickungen und Ausbildung sogenannter Plaques — das sind über die innere Oberfläche hervorragende, herdförmige Ansammlungen gewucherter glatter Muskelzellen — gekennzeichnet sind. Versuchstiere, die für Atherosklerose anfällig sind, entwickeln derartige Gefäßveränderungen dann nicht, wenn die Thrombozytenzahl in ihrem Blut experimentell gesenkt worden ist oder die Thrombozyten medikamentell funktionsunfähig gemacht werden. Es könnte sein, daß insbesondere die Ausbildung der Plaques ein unmittelbares Ergebnis der Einwirkung des Plättchenfaktors ist, der im Fall von Defekten in der Endothelzellschicht die darunterliegende glatte Muskelzellschicht der Gefäßwand erreichen kann. Diese mögliche pathophysiologische Rolle des Plättchenfaktors bedarf der weiteren Abklärung.

3.1.6. Der Erythrozytenfaktor

Ein zuerst in Kükenleber, -knochenmark und in menschlicher Plazenta nachgewiesener Proliferationsfaktor soll seinen Ursprung in den roten Blutkörperchen (Erythrozyten) haben. Die an einer permanenten Mäusefibroblastenlinie (L-929) als Vermehrungseinheiten pro mg (= VE/mg) Trockenmaterial erfaßte Aktivität findet sich nach Anreicherung durch Ultrafiltration in den Erythrozyten des Menschen in weit höherer Menge (150 bis 250 VE/mg) als im menschlichen Serum (50 VE/mg) oder in der Kükenleber (150 VE/mg).

Die Aktivität wird auf ein Protein zurückgeführt, das Anteile an Kohlenhydrat (0,7%), Sialinsäure (1—2%) und Nukleinsäure (1,1%) enthält.

3.2. Proliferationsfaktoren aus Geweben und Organen

Vielen der bekannten, entweder in speziellen Drüsen oder in Geweben gebildeten *Hormone* ist eine zellproliferative Wirkungskomponente eigen. Tabelle 4 enthält eine Zusammenstellung dieser Hormone einschließlich der für die Proliferationsauslösung effektiven, mittleren Konzentrationsbereiche.

Tabelle 4
Hormone, die eine vermehrungsstimulierende Wirkungskomponente gegenüber ihren Zielzellen besitzen.

Hormon	Mittlerer Wirkungsbereich
Peptidhormone	
Adrenokortikotropin	5 μE/ml
Calcitonin	0,1 ng/ml
Follikelstimulierungshormon	10 ng/ml
Glukagon	0,5 μg/ml
Insulin	5 μg/ml
Luliberin	10 ng/ml
Luteinisierungshormon	0,5 μg/ml
Parathormon	0,5 ng/ml
Prolaktin	10 ng/ml
Somatoliberin	10 ng/ml
Thyroliberin	10^{-9} M
Somatotropin	5 ng/ml
Steroidhormone	
Aldosteron	50 pg/ml
Hydrokortison	2×10^{-9} M
Östradiol	2×10^{-9} M
Progesteron	2×10^{-8} M
Hormone mit tyrosinähnlicher Struktur	
Trijodthyronin	3×10^{-10} M

Die zellproliferative Wirkung dieser Hormone ist hinsichtlich ihrer physiologischen Bedeutung differenziert zu betrachten und steht bei nicht wenigen hinter ausgeprägteren Effekten auf andere zelluläre Mechanismen, wie Differenzierung und Funktion, zurück. Für manche Hormone aber, beispielsweise für die Sexualhormone, die den weiblichen Geschlechtszyklus steuern, gehört die direkte oder indirekte Induktion der Zellvermehrung zu den bedeutenden Wirkungskomponenten.

Für die Hormone gilt, daß ihre Wirkung hochspezifisch auf ganz bestimmte Zellen eines Gewebes oder des Erfolgsorgans gerichtet ist. Durch sie werden die Funktionen verschiedener Gewebe und Organe miteinander korreliert und in komplexe Regelkreise einbezogen, die nervalen Einflüssen untergeordnet sind.

Diesen „eingeführten" Hormonen stehen *Biofaktoren mit einer vergleichsweise universelleren Wirkung* auf die Zellvermehrung gegenüber. Das Wissen über sie ist zu einem guten Teil das Ergebnis der gezielten Suche nach Proliferationsfaktoren, die das Serum im Kulturmedium ersetzen könnten. Da das Serum selbst den Hoffnungen auf Isolierung und Identifizierung des biologisch aktiven Prinzips nicht ausreichend gerecht wurde, richtete sich das Interesse stärker auf die Auffindung und Isolierung von Proliferationsfaktoren aus Geweben und Organen, in denen sie in höherer Konzentration als im Blutserum zu erwarten waren.

3.2.1. Der Epidermiswachstumsfaktor

3.2.1.1. Vorkommen, chemische Struktur und Biosynthese

Der Epidermiswachstumsfaktor („*E*pidermal *G*rowth *F*actor" = *EGF*) ist ein ***einkettiges Polypeptid***, das erstmals ***aus der Speicheldrüse*** (Glandula submandibularis s. submaxillaris) ***der Maus*** isoliert worden ist. Er besitzt eine relative Molekülmasse von 6045. Seit 1972 ist seine Aminosäuresequenz bekannt. Das Molekül wird

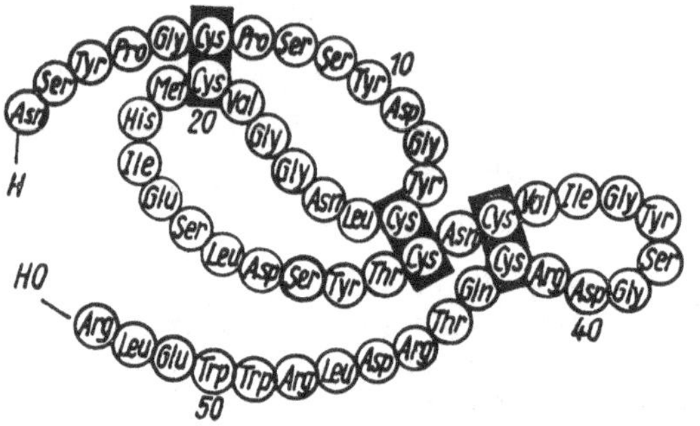

Abb. 26. Strukturschema des EGF

aus 53 Aminosäuren gebildet und weist drei Disulfidbrücken auf (Abb. 26). Bis auf Lysin, Alanin und Phenylalanin sind alle üblichen Aminosäuren vertreten. Die beiden C-terminalen Aminosäuren Leuzin und Arginin sind für die biologische Aktivität des Moleküls nicht notwendig.

EGF ist hitze- und säurestabil. Der isoelektrische Punkt liegt bei pH 4,6. Die Aktivität wird durch Behandlung mit Chymotrypsin und bakteriellen Proteasen zerstört und durch Trypsineinwirkung vermindert. Empfindliche immunologische Verfahren, wie der Doppelantikörper-Immunoassay, gestatten den Nachweis des Biofaktors im Pikogramm-Bereich (10^{-12} g).

Über die *Biosynthese* bestehen recht genaue Kenntnisse. EGF wird in den Speicheldrüsenzellen als Pro-EGF, d. h. als längerkettiges Vorläufermolekül ($M_r \approx 9000$) gemeinsam mit einem Bin-

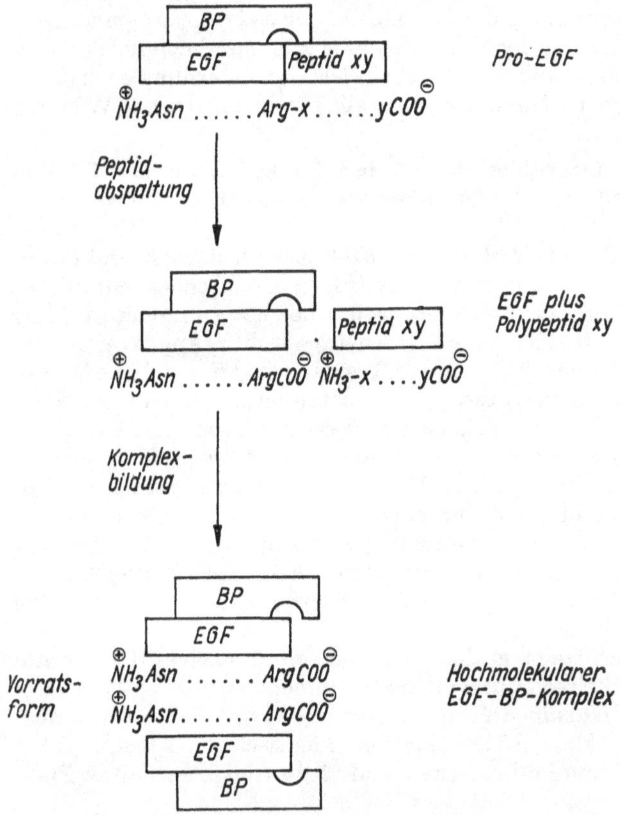

Abb. 27. Biosynthese des EGF in der Speicheldrüse der Maus. Das Bindungsprotein (BP) mit Arginin-Esteropeptidase-Aktivität spaltet aus dem Pro-EGF das Polypeptid xy ab. Der EGF bleibt mit dem Bindungsprotein assoziiert. Zwei EGF-Moleküle bilden zusammen mit ihren Bindungsproteinmolekülen den hochmolekularen EGF-Bindungsprotein-Komplex, der die Vorratsform des EGF in den Drüsenzellen darstellt.

dungsprotein, das zugleich Arginin-Esteropeptidase-Aktivität besitzt, synthetisiert (Abb. 27). Dieses spaltet den „überschüssigen“ Polypeptidanteil ($M_r \approx 3000$) vom EGF-Molekül ab, bleibt aber über den jetzt C-terminalen Argininrest mit ihm assoziiert. Auf diese Weise bilden jeweils zwei EGF-Moleküle mit zwei Bindungsproteinmolekülen einen hochmolekularen Komplex ($M_r \approx 74000$). In dieser Form wird der EGF in der Drüsenzelle vorrätig gehalten. Die Ausschleusung aus der Zelle, d. h. der *Sekretionsvorgang*, geht mit der Freisetzung der EGF-Moleküle aus dem hochmolekularen Komplex einher, wobei wahrscheinlich der C-terminale Argininrest verlustig geht. Dieser ist jedenfalls für die biologische Wirkung irrelevant.

Es ist nicht ausgeschlossen, daß dem Pro-EGF noch eine Prä-Pro-Form vorausgeht, wie dies für andere sekretorische Polypeptide, wie beispielsweise Insulin, zutrifft.

Der *Gehalt der Speicheldrüse an EGF* ist geschlechts- und offenbar auch speziesabhängig. Speicheldrüsen erwachsener männlicher Mäuse enthalten etwa 1000 ng, weiblicher Mäuse nur etwa 70 ng pro Milligramm Speicheldrüsenfeuchtgewicht. Applikation des männlichen Geschlechtshormons Testosteron an weibliche Mäuse steigert deren EGF-Synthese. Bei Ratten ist der Gehalt der Speicheldrüsen an EGF vergleichsweise wesentlich geringer.

Die *Sekretion erfolgt in biorhythmischer Abhängigkeit* von der Tageszeit und benötigt das Vorhandensein extrazellulärer Kalzium-Ionen, die in die Zellen einströmen. Sie wird in vivo und in vitro durch Stimulierung β-adrenerger Rezeptoren an der Drüsenzelle ausgelöst. Auch in das Blut gelangt EGF. Bei adulten Mäusen ist er hier in einer relativ stabilen Konzentration von 1,4 ng/ml nachweisbar.

Menschlicher Harn enthält ein biologisch aktives Polypeptid fast gleicher Struktur und übereinstimmender in vivo-Wirksamkeit. Es wird *Human-EGF* genannt und ist mit Urogastron, dem Hemmer der Magensäuresekretion, identisch (S. 101ff.). Auch (menschliche) Amnionflüssigkeit und Muttermilch enthalten EGF.

3.2.1.2. Biologische Wirkungen

An einer seiner in vivo-Wirkungen ist der EGF bereits 1962 durch Cohen erkannt worden: Teilgereinigte Extrakte der Speicheldrüse, neugeborenen Mäusen täglich injiziert, öffnen diesen die normalerweise bis zum 12. bis 14. Lebenstag geschlossenen

Augenlider mehrere Tage früher. Auf Grund dieser Beobachtung ließ sich ein *Bioassay* aufbauen, der die Anreicherung und Isolierung des Wirkungsträgers ermöglichte.

Unter in vitro-Bedingungen nachvollzogene Untersuchungen bestätigten die auf die Oberhaut (= Epidermis) (Abb. 16) gerichtete Wirkung des Biofaktors. Er induziert bereits in Mikrogramm-Mengen die *DNA-Synthese* der Basalzellen in kultivierten Hautfragmenten und fördert zudem die Keratinbildung an deren natürlicher, äußerer Oberfläche. Aus dieser Wirkung auf die Epidermis leitet sich der Name des Biofaktors her.

Inzwischen ist das *Wirkungsspektrum* als wesentlich breiter erkannt worden. Die proliferative Wirkung beschränkt sich keinesfalls auf die Zellen der Haut, sondern sie umfaßt auch andere epitheliale und sogar nichtepitheliale Zellen, wie Fibroblasten. Hierzu gibt Tabelle 5 einen Überblick. Aus ihr ist auch zu entnehmen, daß der EGF speziesunspezifisch wirkt.

Detailliert sind die Kenntnisse in bezug auf seine *Wirkung auf Fibroblasten.* Bereits 100 ng/ml des EGF induzieren deren Proliferation. Menschliche diploide Bindegewebszellen, dichtegehemmt

Tabelle 5

Zusammenstellung von Geweben und Organen, deren repräsentativer Zelltyp auf die Zuführung von EGF mit DNA-Synthese und Proliferation antwortet. (Soweit bisher untersucht).

Epitheliale Zellen		Nichtepitheliale Zellen	
Gewebe/Organ	Tierart	Gewebe	Tierart
Oberhaut	**Maus, Hühnerembryo**	**Bindegewebe**	**Mensch, Maus, Ratte**
Augenhornhaut	**Maus, Rind, Mensch**	**Bindegewebe (isolierte Zellinie 3T3)**	**Maus**
Augenlinse	**Kaninchen**	**Neuroglia (Stützgewebe des Nervensystems)**	**Mensch**
Milchdrüse	**Maus**	**Knorpel**	**Kaninchen**
Harnleiter	**Ratte**		
Eifollikel	**Ratte, Rind, Schwein**		
Gebärmutter	**Ratte**		
Lunge	**Ratte**		
Luftröhre	**Ratte**		
Niere	**Ratte**		

oder durch Verminderung der Serummenge zum Einstellen der Vermehrung gezwungen, werden durch 5 ng/ml (= 0,8 nM) EGF in gleichem Maße zur *DNA-Synthese* angeregt wie durch Zuführung von 10% (v/v; = 6 bis 7 mg Protein/ml) Kälberserum (Abb. 28).

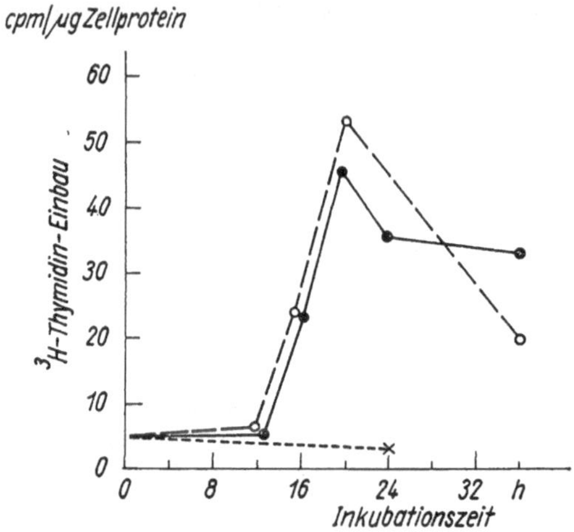

Abb. 28. Induktion der DNA-Synthese bei menschlichen Bindegewebszellen durch EGF. Die radioaktiven Impulse pro Minute (cpm) pro µg Zellprotein sind als Funktion der Zeit aufgetragen. Das Nährmedium aller Kulturen enthielt 1% Kälberserum (= Mangelbedingungen), damit die Zellen der Kontrollkulturen wenigstens 24 h überlebten. x - - - - - x Kontrollkulturen (ohne Zusatz); o— — —o Zusatz von Kälberserum (7 mg/ml); •——• Zusatz von EGF (5 ng/ml).

Der EGF hebt demnach die Blockade in der G_1-Phase des Proliferationszyklus auf, in der sich solche Zellen befinden. Selbst so geringe Dosen wie 0,1 ng/ml Medium beschleunigen die DNA-Synthese der sich in der logarithmischen Wachstumsphase befindlichen Zellen um das 4 bis 5fache. Die Wirksamkeit des EGF entspricht der des FGF (S. 95ff.) oder der der MSA aus konditioniertem Nährmedium (S. 103ff.). DNA-Stimulierung durch EGF ist mit *Proliferation* gleichbedeutend.

Derivate des EGF, denen das C-terminale Dipeptid fehlt, sind ebenso aktiv wie der komplette EGF, nicht aber solche, denen das C-terminale Pentapeptid entzogen wurde. In diesem Fall erweist sich die proliferative

Aktivität auf 1 bis 5% vermindert. Demzufolge ist das Vorhandensein der Sequenz Tryptophan-Tryptophan-Glutaminsäure (Position 49 bis 51, Abb. 26) für die biologische Wirkung notwendig. Dies ist verständlich, wenn man weiß, daß diese Sequenz die Bindung des Biofaktors an die menschliche Bindegewebszelle besorgt. Unter in vivo-Bedingungen ist allerdings auch das verkürzte Derivat aktiv, sofern offenbar Bindegewebszellen in den biologischen Prozeß nicht mit einbezogen sind.

Ohne jeden *Serumzusatz* kultivierte Fibroblasten antworten nicht auf die Zuführung des EGF. Serum plus EGF stimulieren synergistisch die DNA-Synthese. In dieser Kombination läßt sich das Serumbedürfnis der Zellen nicht durch zugesetzte Hormone, wie Hydrokortison oder Insulin, stillen. Welche Rolle das Serum hierbei spielt, ist unklar, zumal in seiner Gegenwart die Bindung des EGF an die Bindegewebszelle nicht erhöht wird.

Bedeutungsvoll ist, daß der EGF seine proliferative Wirkung durch *Bindung an spezifische Rezeptoren* der Zytomembran auslöst. Für bindungskinetische Studien werden bevorzugt radioaktiv (^{125}Jod) markierter Monojod-EGF oder fluoreszenzmarkierter EGF (S. 114) verwendet. Sie zeigten, daß die Bindung zeit- und temperaturabhängig ist und nach den Prinzipien eines Sättigungsprozesses verläuft (weiteres siehe S. 114ff.).

Für die *Spezifität der EGF-Bindung* spricht, daß sie durch eine Reihe geprüfter Hormone, darunter Prolaktin, Wachstumshormon, Thyreotropin, Insulin und Glukagon, sowie durch NGF (S. 92ff.) nicht gehemmt wird. Jedoch besitzen weit mehr Zelltypen als die, die auf EGF antworten, Rezeptoren für den EGF. Demzufolge muß diesen Zellen der Effektor (S. 47) zur Umsetzung des Signals fehlen. Nachweislich keine Bindung erfolgt an Fettzellen, Lymphozyten, Thymozyten, Rattenheptatomzellen und Milchdrüsenzellen jugendlicher oder trächtiger Mäuse.

Außer der Proliferationsauslösung sind *weitere biologische Effekte* dem EGF zuzuschreiben. So aktiviert er in Fibroblasten die Ornithindekarboxylase, stimuliert unter Kulturbedingungen die Prostaglandinsynthese in Mäuseschädelknochenexplantaten und die Choriogonadotropinsynthese in Chorionkarzinomzellen, fördert die Aufnahme bestimmter Metabolite bzw. Präkursoren, wie Aminoisobuttersäure und Uridin, in die Zelle und hemmt in vivo die provozierte Magensäuresekretion. Für den letzten Fall besteht Wirkungsidentität mit dem strukturell fast gleichen Urogastron (S. 101ff.). Schließlich wird dem EGF eine von der mitogenen Potenz dissoziierbare genexpressive Funktion auf Hypophysenzellen zugesprochen.

Das Spektrum seiner biologischen Wirkungen, unter denen die Stimulierung der Proliferation einen hervorragenden Platz einnimmt, und die weite Verbreitung von spezifischen Rezeptoren für diesen Biofaktor auf ganz unterschiedlichen Zelltypen lassen die Auffassung nicht abwegig erscheinen, daß EGF einen Hormonstatus erringen wird, weil ihm offenbar eine *physiologisch fundamentale Rolle* zukommt, die am ehesten mit der des Insulins vergleichbar ist. Zudem scheint er in embryonale Entwicklungsprozesse einbezogen zu sein, worauf sein Auftreten bereits zu dieser Zeit und das frühe Vorhandensein von EGF-Rezeptoren bei Mäusefeten hinweisen. Die physiologische Bedeutung seines Vorkommens im Speichel ist jedoch noch unklar.

Ungeachtet dieser „Perspektive" und der noch offenen Fragen ist sein Ruf als Prototyp für Proliferationsfaktoren für kultivierte Zellen voll begründet. Sein (international gebräuchlicher) Name „Epidermiswachstumsfaktor" wird seinem biologischen Wirkungsspektrum allerdings nicht gerecht und wäre zudem auf der Grundlage der vorn gegebenen Definition (Fußnote S. 43) zu präzisieren.

3.2.2. Der Nervenwachstumsfaktor

Der Nervenwachstumsfaktor („*N*erve *G*rowth *F*actor" = *NGF*) trägt seinen Namen entsprechend vorn gegebener Definition (Fußnote S. 43) zu Recht: Er induziert Wachstumsprozesse (aber keine Zellvermehrung!). Demzufolge gehört er genaugenommen nicht zu den Proliferationsfaktoren. Daß er hier doch kurz abgehandelt wird, ist darin begründet, daß er hinsichtlich seines Wirkungsmechanismus viele Gemeinsamkeiten mit Proliferationsfaktoren besitzt.

3.2.2.1. Vorkommen und chemische Struktur

Als *biologische Aktivität* zuerst *in Mäusesarkomen und im Gift von Nattern* (Kobra) nachgewiesen, wurde später die *Speicheldrüse* (Glandula submandibularis s. submaxillaris) der Maus als reiche Quelle erkannt. Aus ihr isolierte 1963 LEVI-MONTALCINI den Biofaktor. Interessant ist, daß — übereinstimmend mit dem EGF — männliche Mäuse den Biofaktor in etwa 10fach höherer Konzentration in ihren Speicheldrüsen enthalten als weibliche. In sehr kleinen Mengen ist der NGF *auch in anderen Organen,* darunter Herz, Niere, Thymus, Milz und Leber, nachweisbar; diese sind ausnahmslos mit sympathischen, dem Bewußtsein nicht unterworfenen Nerven innerviert. Einen recht hohen Gehalt an NGF weist die *Vorsteherdrüse des Meerschweinchens* auf.

In den Speicheldrüsenzellen ist NGF als sogenannte β-Untereinheit *Bestandteil eines nichtkovalenten Komplexes aus drei Polypeptiden.* Dieser Komplex besitzt eine relative Molekülmasse von etwa 130000 und einen Sedimentationskoeffizienten von 7 S. Die in ihm enthaltenen anderen beiden Polypeptide α und γ besitzen keine NGF-Aktivität. Die β-Untereinheit mit dem Sedimentationskoeffizienten 2,5 S, deshalb auch 2,5 S-NGF genannt, ist ein Dimer. Sie besteht aus zwei identischen Polypeptidketten mit der relativen Molekülmasse von 13259, den eigentlichen NGF-Molekülen.

Die *Aminosäuresequenz* des Mäuse-NGF ist aufgeklärt. Das Molekül wird aus 118 Aminosäuren gebildet und enthält drei Disulfidbrücken (Abb. 29). Der NGF aus Kobragift besteht aus nur 116 Aminosäuren, die zu 64% mit denen des Mäuse-NGF identisch

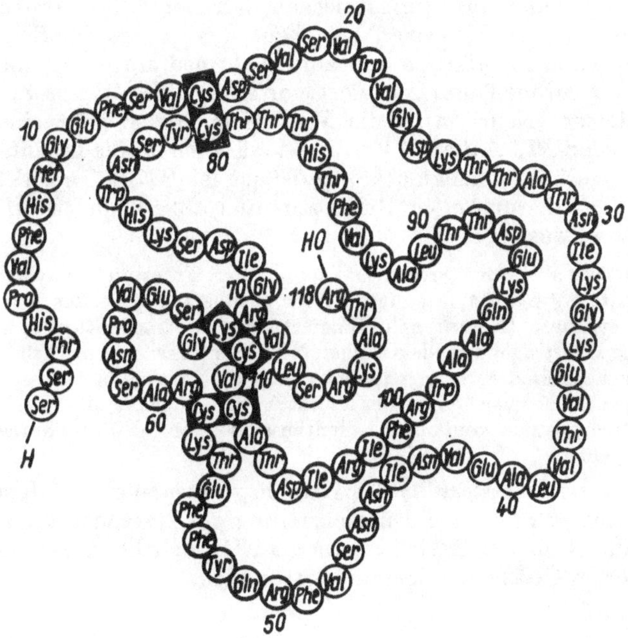

Abb. 29. Strukturschema des Maus-NGF

sind. Der im Gift von Ottern enthaltene NGF zeigt wesentliche Abweichungen.

Zwischen Mäuse-NGF und Insulin bestehen Aminosäurehomologien von 58% zur A-Kette und von 30% zur B-Kette des Insulins. Sie sind der Grund für ähnliche Raumstrukturen beider Moleküle. Diese besetzen aber unterschiedliche Rezeptoren an der Zelloberfläche und sind demzufolge auch nicht wirkungsgleich.

Die NGF-Rezeptor-Bindung ist detailliert untersucht worden und wird im Abschnitt 4. mit berücksichtigt.

3.2.2.2. Biologische Wirkungen

Die Wirkung des NGF ist *selektiv auf Nervenzellen* (Neurone) des sympathischen und des (embryonalen) sensorischen Nervensystems gerichtet. Letztes dient der Empfindungswahrnehmung. Als Bioassay werden Explantatkulturen von Ganglien (das sind Nervenzellanhäufungen außerhalb des Zentralnervensystems) verwendet, die entweder aus sympathischen, adrenergen Neuronen oder aus sensorischen Neuronen bestehen. Zusatz von NGF in Mengen von wenigen Mikrogramm zum Nährmedium erhält die Vitalität der Neuronen und induziert vor allem das *Auswachsen von Nervenfasern* (Neuriten). Dem Wachstumsprozeß geht eine „*positive pleiotypische Antwort*" voraus, wie sie auch für die Insulinwirkung auf kultivierte Zellen charakteristisch ist (S. 73). Sie wirkt sich in der Stimulierung einer Reihe auf- und abbauender Stoffwechselprozesse aus.

Einbezogen ist u. a. die verstärkte Bildung der Tyrosinhydroxylase und der Dopamin-β-hydroxylase, der beiden Schlüsselenzyme der Noradrenalin-Biosynthese. (Noradrenalin fungiert als Neurotransmitter, d. h. als chemischer Überträger von elektrischen Nervenimpulsen). Hinsichtlich des Neuritenwachstums wird angenommen, daß die Polymerisation von röhrenförmigen Strukturproteinen, der Microtubuli, der auslösende Grundvorgang ist. Nicht jedoch werden DNA-Synthese oder gar die Mitose durch den NGF ausgelöst.

Die *physiologische Bedeutung* des NGF liegt zweifellos auf dem Gebiet der Entwicklung und Differenzierung des Nervensystems. Jedoch ist die Rolle der Speicheldrüse als NGF synthetisierendes Organ in diesem Geschehen noch unverständlich.

3.2.3. Der Fibroblastenwachstumsfaktor

3.2.3.1. Vorkommen, chemische Struktur und Eigenschaften

Der Fibroblastenwachstumsfaktor („*F*ibroblast *G*rowth *F*actor" = *FGF*) ist ein von GOSPODAROWICZ aus *Hypophysen* (den unter dem Zwischenhirn liegenden Hirnanhangdrüsen) *und Gesamthirn* angereichertes und weitgehend aufgereinigtes Polypeptid. Auf das Vorhandensein eines solchen Faktors wurde geschlossen, weil Hypophysenhormonrohpräparate die Vermehrung von Fibroblasten stimulierten, nicht aber die isolierten Hormone selbst, so daß der Proliferationsfaktor ein Kontaminant der Präparate sein und seinen Ursprung in der Hypophyse haben mußte. Durch mehrstufige Fällung mit Ammoniumsulfat bei sauren pH-Werten läßt er sich aus den Präparaten und unmittelbar aus dem Hirngewebe isolieren.[1])

Nach Herkunft, physikochemischen Eigenschaften und der Aminosäurezusammensetzung lassen sich *drei derartige Faktoren* unterscheiden, die die gleiche Wirkungsqualität besitzen (Tabelle 6).

Tabelle 6
Lokalisation und physikochemische Charakteristika der FGF-Arten.

Bezeichnung	Lokalisation	M_r	Zahl der Aminosäuren
FGF-1	Gehirn	13000	123
FGF-2	Gehirn	11700	110
FGF-3	Gehirn		63
FGF	Hypophyse	13400	

Ergänzung: FGF-1 bis FGF-3 sollen jeweils bestimmte Partialsequenzen des basischen Nervenmyelins sein. FGF aus der Hypophyse soll ebenfalls ein basisches Polypeptid, strukturell aber eigenständig sein.

[1]) Wird die Fällung unter alkalischen Bedingungen (pH 7—8,5) durchgeführt, so kann ein mitogener Biofaktor mit bevorzugter Wirkung auf Skelettmuskelzellen erhalten werden. Er wird als „Myoblastenwachstumsfaktor" bezeichnet, hat aber bisher größere Bedeutung nicht erlangt.

Dem Ergebnis einer vergleichenden Computeranalyse zufolge sollen sie unterschiedliche, aber sich überlappende Teilsequenzen des basischen Nervenmyelins, einem Bestandteil der Markscheiden der Nerven, sein. Der höchste Homologiegrad der Aminosäuresequenz besteht mit 80% zwischen dem Hirn-FGF und der für adäquat befundenen Teilsequenz des Nervenmyelins. Durch Affinitätschromatografie läßt sich aber zeigen, daß Antikörper gegen basisches Nervenmyelin mit dem FGF nicht reagieren, so daß die partielle Identität berechtigt angezweifelt werden muß. Auch die unterschiedlichen isoelektrischen Punkte, nämlich beim Nervenmyelin im basischen (pI $\approx$ 10) und beim FGF im sauren Bereich (pI = 4,8 — 5,8), sprechen gegen eine (Teil-)Identität beider. Wahrscheinlich ist der FGF elektroadsorptiv an das basische Nervenmyelin gebunden. Zur eindeutigen Aufklärung der Primärstruktur ist ein noch höherer Aufreinigungsgrad des Faktors erforderlich.

Radiochemische, radio- oder fluoreszenzimmunologische Nachweis- bzw. Markierungsverfahren stehen für den FGF bisher nicht zur Verfügung. Der kationische Charakter des Peptids verursacht elektroadsorptive Bindungen an Zelloberflächen und verhindert bzw. erschwert dadurch Untersuchungen zur Aufklärung des Bindungscharakters. So ist u. a. die Frage offen, ob FGF-Rezeptoren existieren.

3.2.3.2. Biologische Wirkungen

Der FGF ist ein *wirkungsstarker Zellproliferationsfaktor*. Seine Wirkung ist nicht — wie aus der Bezeichnung geschlußfolgert werden könnte — auf Fibroblasten beschränkt. Der Namensbildung liegt der zuerst an Fibroblastenlinien (3T3) geführte und gesicherte Wirkungsnachweis zugrunde.

Die Zelltypen, für die die Stimulierung der *DNA-Synthese* und/oder der *Mitose* nachgewiesen worden ist, sind in der Tabelle 7 aufgeführt. Es handelt sich bei ihnen überwiegend um Zellen mesodermalen Ursprungs. Somit unterscheidet sich das Wirkungsspektrum des FGF grundsätzlich von dem des EGF, der ektodermale Zellen bevorzugt. Die Wirkung auf Fibroblasten, Granulosa- und Knorpelzellen ist beiden gemeinsam.

Der FGF vermag bei Fibroblastenlinien (z. B. BALB/c 3T3) unter Serummangelbedingungen die DNA-Synthese zu initiieren. Allerdings werden nur etwa 30% der Wirkungsstärke eines optimalen Serumzusatzes erreicht. In Kombination mit Glukokortikoidhormonen der Nebennierenrinde ist die erzielbare Wirkung der des Serums ebenbürtig. Unter diesen Bedingungen lassen sich

Tabelle 7
Zusammenstellung der Zelltypen, die auf FGF ansprechen

Mesodermale Zellen (aus dem mittleren Keimblatt stammend)	Ektodermale Zellen (aus dem äußeren Keimblatt stammend)
Fibroblasten	Neurogliazellen
(diploide Fibroblasten,	
(fibroblastoide Zellinien)	
Amnionzellen	
Skelettmuskelzellen	
(Myoblasten)	
Glatte Gefäßmuskelzellen	
Gefäßendothelzellen	
Augenhornhautendothelzellen	
Nebennierenzellinie (Y 1)	
Knorpelzellen	
Granulosazellen	
(des Eifollikels)	

Zellen sogar bei außerordentlich geringer Einsaatzelldichte, z. B. 7 Zellen/mm^2, anzüchten und vermehren.

Aber auch Zellen, die sich in der Kultur im Zustand der *dichtebedingten Wachstumshemmung* (S. 58) befinden, werden durch FGF angesprochen, aus ihrer Blockade befreit und zur Proliferation bewegt. Zusatz von Glukokortikoiden und Insulin in Konzentrationen, die für sich allein Proliferationsprozesse nicht induzieren, potenzieren die FGF-Wirkung auf das 5 bis 7fache. Dabei ist das Zeitmuster der in Gang gesetzten zellulären Mechanismen, wie Aminosäure- und Nukleotidtransport sowie Protein- und DNA-Synthese, identisch mit dem, das durch Serumeinfluß bewirkt wird. Primärkulturen von menschlichen diploiden Fibroblasten reagieren auf den FGF im allgemeinen empfindlicher als Fibroblastenlinien und bedürfen nicht zusätzlicher Wirkstoffe.

Der effektive Dosisbereich des FGF ist vom Aufreinigungsgrad des Präparates abhängig. Bei hochgereinigten Präparaten liegt er im Nanogrammbereich pro ml Medium.

Granulosazellen des Follikelepithels erweisen sich als empfindlicher als Fibroblasten. Zur Initiierung der DNA-Synthese ruhender Kulturen reichen 5×10^{-2} ng/ml des hochgereinigten FGF-Präparates aus. Allerdings ist die Gegenwart von mindestens 0,1% (v/v) Serum eine Voraussetzung für das Wirksamwerden des FGF.

Auch für *Endothelzellen*, und zwar sowohl aus den Blutgefäßen als auch aus der Augenhornhaut, gilt FGF als kräftiges Mitogen, das die Anzüchtung der Zellen in außerordentlich geringer Einsaatzelldichte ermöglicht und in vergleichsweise kurzer Zeit hohe Zelldichten erreichen läßt (Abb. 30). Abweichend hiervon sprechen Endothelzellen aus der Nabelstrangvene des Menschen nur dann ausreichend an, wenn ihnen neben dem FGF Thrombin zugeführt wird.

Bei Zelltypen, wie *Myoblasten* oder *Knorpelzellen*, die unter Kulturbedingungen spezifische Zusatzleistungen vollbringen, wie Zusammenlagerung zu muskelfaserähnlichen Schläuchen bzw.

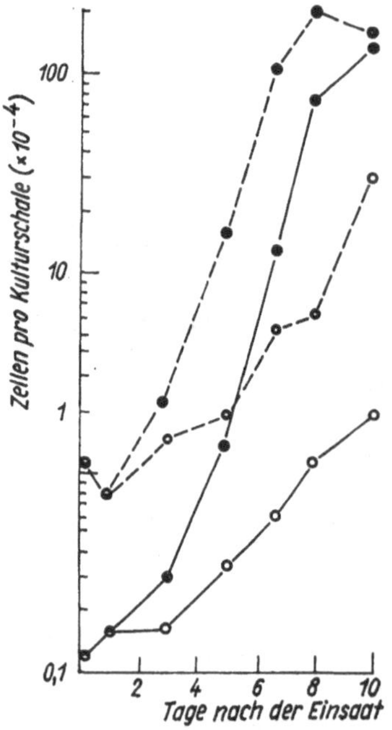

Abb. 30. Zunahme der Zahl der Rinderaortaendothelzellen als Funktion der Zeit unter der Wirkung des FGF (100 ng/ml; Zugabe jeden zweiten Tag) (•) im Vergleich zu unbehandelten Zellkulturen (○). Auch bei geringer Einsaatzelldichte wird bei FGF-Zugabe (•——•) innerhalb von 10 Tagen die Zellzahl derjenigen Kulturen erreicht, deren Einsaatzellzahl 10fach höher lag (•-----•). Die Endzellzahl der Kontrollkulturen (○——○) bzw. ○-----○) wird in beiden Fällen deutlich überschritten.

Ausscheidung von Kollagen, läßt sich zeigen, daß durch Einwirkung des FGF die Differenzierungsvorgänge solange hinausgezögert werden, bis die induzierte Zellvermehrung abgeschlossen ist. Bei der *Nebennierenzellinie* Y 1 soll die Proliferationswirkung des FGF von einer vermehrten Bildung des adrenokortikotropen Hormons (= ACTH) begleitet sein.

Die bekanntgewordenen *in vivo-Effekte* des FGF lassen sich mit seiner oben erwähnten Wirkung auf Fibroblasten, Endothelzellen und Knorpelzellen erklären. So fördert der FGF die Regeneration experimentell amputierter Gliedmaßen von Amphibien sowie die Wundheilung und die Regeneration und Differenzierung von Gelenkknorpel der Säugetiere. Injektion in die Augenhornhaut induziert das Einsprossen von Kapillaren aus der angrenzenden Lederhaut des Auges, eine Wirkungsqualität, die für Angiogenesefaktoren (s. u.) charakteristisch ist. Die Gewinnung des FGF aus Hirngewebe läßt bei in vivo-Applikation allerdings enzephalitogene Nebenwirkungen für möglich erscheinen.

3.2.4. Die Angiogenesefaktoren

„Angiogenesefaktor" ist eine Sammelbezeichnung für Biofaktoren (oder auch chemische Verbindungen), die auf unmittelbarem oder mittelbarem Weg die *Vermehrung von* (Blut-)*Gefäßendothelzellen* bewirken. Diese Zellen kleiden entweder größere Gefäße an ihrer inneren Oberfläche als Intima aus (Abb. 24) oder bilden die einschichtige Wand der Kapillaren. Ihre Vermehrung ist der Grundvorgang für das *Wachstum von Blutgefäßen* (= *Angiogenese*) (Abb. 31).

Erste Hinweise auf die Existenz endogener Angiogenesefaktoren sind das Ergebnis umfangreicher Experimente von FOLKMANN, nach denen *Tumorzellen* in einem sehr frühen Stadium des Tumorwachstums einen „Tumorangiogenesefaktor" abgeben, der die Endothelzellen nahegelegener Wirtskapillaren in Proliferation versetzt, die Bildung und das Einsprossen von Kapillaren in das Tumorgewebe anregt und demzufolge die für das expansive Tumorwachstum erforderliche Nährstoff- und Sauerstoffversorgung herstellt. Inzwischen sind Biofaktoren mit dieser Wirkungsqualität in m. o. w. angereicherter Form außer aus Tumoren auch aus einzelnen *normalen Geweben*, wie Gelbkörpergewebe des Eierstockes oder Speicheldrüsen, angereichert oder in embryonalen Organen oder immunkompetenten Lymphozyten nachgewiesen worden.

Auch der FGF (S. 95) ist dieser Biofaktorengruppe zuzuordnen, weil er eine proliferationsfördernde Wirkung auf Endothelzellen besitzt und im Bioassay Angiogeneseprozesse auslöst.

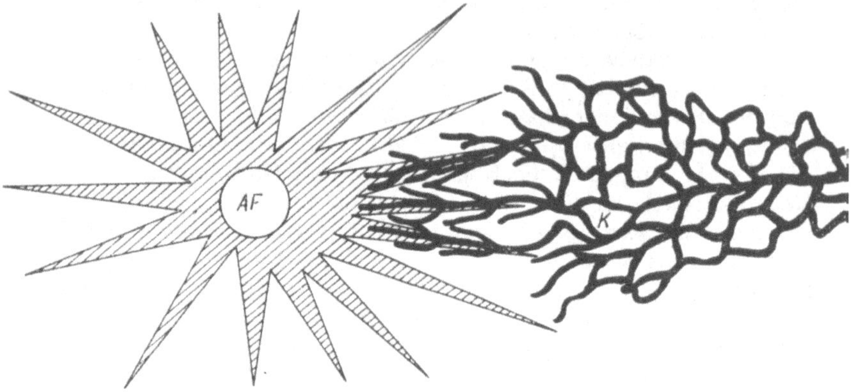

Abb. 31. Hypothetische Wirkungsweise der Angiogenesefaktoren. Sie sprechen Endothelzellen der Blutgefäße an. Das Wachstum der Kapillaren (K) wird durch Endothelzellenproliferation bewirkt. Die Kapillaren wachsen auf das Konzentrationszentrum des Angiogenesefaktors (AF) zu.

Kein einziger dieser Angiogenesefaktoren ist bisher vollständig aufgereinigt und strukturell aufgeklärt. Das Gebiet befindet sich international in intensiver Bearbeitung und bedarf einer gesonderten Darstellung (siehe Literaturhinweis).

3.3. *Proliferationsfaktoren aus dem Harn*

Im (menschlichen) Harn sind im wesentlichen zwei Biofaktoren mit proliferativer Wirksamkeit nachgewiesen worden, die Bedeutung erlangt haben: *Menschlicher Epidermiswachstumsfaktor* (*Human-EGF*) und ein die *Koloniebildung von Knochenmarkzellen stimulierendes Glykoprotein*. Letztes ist mit adäquaten Biofaktoren aus Blutserum und konditionierten Nährmedien funktionell identisch; diese halten die Bildung und Reifung von Blutzellen unter regulatorischer Kontrolle (S. 104ff.).

3.3.1. Human-Epidermiswachstumsfaktor/Urogastron

3.3.1.1. Beziehungen und physikochemische Eigenschaften

Der Human-EGF, der außer in menschlichem Harn in geringer Konzentration auch im Blutserum (120 pg/ml) und in anderen Körperflüssigkeiten des Menschen ermittelt worden ist, ist dem EGF aus Mäusespeicheldrüsen (S. 86ff.) außerordentlich ähnlich. Er ist identisch mit dem Urogastron, dem bereits vorher bekannten Hemmer der Magensäuresekretion. Menschlicher Harn enthält *zwei Urogastronformen*, und zwar einmal als Molekül mit kompletter Aminosäuresequenz (= β-Urogastron) und zum anderen als Molekül mit fehlendem C-terminalen Argininrest (= γ-Urogastron), welches aber nicht minder biologisch aktiv ist.

Identisch nach Art und Position sind 37 Aminosäuren des Human-EGF/β-Urogastrons mit dem Mäuse-EGF-Molekül. Von den 16 abweichenden Aminosäuren können 14 als Ergebnis eines einfachen Basenaustausches im kodierenden Triplet, d. h. in der zugehörigen DNA-Strecke des Gens, interpretiert werden. Eine Gegenüberstellung der physikochemischen Eigenschaften beider Biofaktoren bringt Tabelle 8. Immunologisch besteht ebenfalls keine völlige Identität: Human-EGF/Urogastron reagiert schwächer als Mäuse-EGF mit Mäuse-EGF-spezifischen Antikörpern.

Tabelle 8
Physikochemische Eigenschaften des Maus-EGF und des Human-EGF/β-Urogastron

Physikochemische Parameter	Maus-EGF	Human-EGF/ β-Urogastron
M_r	6041	6201
Isoelektr. Punkt (pI)	4,6	4,5
Zahl der Polypeptidketten	1	1
N-terminale Aminosäure	Asparagin	Asparagin
C-terminale Aminosäure	Arginin	Arginin
Disulfidbrücken	3	3
Nicht enthaltene Aminosäuren	Lysin Alanin Phenylalanin	Phenylalanin Threonin

3.3.1.2. Biologische Wirkungen

Interessanterweise besitzen beide Biofaktoren gleiche in vivo-Wirkungen. Human-EGF/Urogastron induziert wie Mäuse-EGF das vorzeitige *Öffnen der Augenlider* neugeborener Mäuse (S. 88). Andererseits hemmt auch Mäuse-EGF — wie schon früher für Urogastron bekannt — die durch Histamin oder Pentagastrin provozierte *Magensäuresekretion* bei Ratten und Hunden.

Übereinstimmung besteht ebenfalls in den *in vitro-Effekten.* So stimuliert Human-EGF/Urogastron auch die Proliferation sowohl von Haut- und Augenhornhautepithelzellen in Explantatkulturen als auch die von Fibroblasten in Zellkulturen. An kultivierten menschlichen Bindegewebszellen bedienen sich beide gemeinsamer *Rezeptoren.* Solche ließen sich aus Plazentagewebe isolieren und als zwei unterschiedliche Glykoproteinkomponenten mit der relativen Molekülmasse zwischen 160000 und 180000 identifizieren.

3.4. Proliferationsfaktoren aus konditioniertem Nährmedium

Im Verlauf ihrer Kultivierung geben Zellen Stoffwechselprodukte in das Nährmedium ab, unter denen sich Proliferationsfaktoren für andere Zelltypen, ausnahmsweise sogar für sich selbst, befinden können. Es muß jedoch sicher ausgeschlossen sein, daß vermeintliche Proliferationsfaktoren in Wirklichkeit nur Reste des Serums sind, das dem Nährmedium während der Anzüchtungsphase der Zellen zugesetzt worden war.

Von den entdeckten „biologischen Aktivitäten“ ließen sich nur wenige anreichern und aufreinigen.

Als definierter Biofaktor wird der bereits beschriebene *NGF* (S. 92ff.) in Primärkulturen von Fibroblasten, Neuroblastom-, Melanom- und Gliomzellen sowie Myoblasten und in Kulturen bestimmter permanenter Zellinien (L-, 3T3-, SV40 3T3-Zellen) synthetisiert und an das Medium abgegeben. L-Zellen bilden ihn als Komponente eines Polypeptidkomplexes mit der relativen Molekülmasse von etwa 160000. Sie ähnelt in ihren physikochemischen Eigenschaften der β-Untereinheit aus der Mäusespeicheldrüse (S. 93). Sie wird intrazellulär und in das Medium entlassen vorgefunden. Die eindeutige Aufklärung der strukturellen Beziehungen zum NGF aus der Speicheldrüse der Maus ist von der Gewinnung größerer Mengen des NGF aus konditioniertem Nährmedium und seine erfolgreiche Aufreinigung abhängig.

Besondere Bedeutung hat die „*Vermehrungsstimulierende Aktivität*" erlangt.

3.4.1. Die „Vermehrungsstimulierende Aktivität"

3.4.1.1. Herkunft, physikochemische Eigenschaften und Beziehungen

Die Vermehrungsstimulierende Aktivität („*m*ultiplicating-*s*timulating *a*ctivity = *MSA*) besteht aus mindestens sieben niedermolekularen, säurelöslichen Polypeptiden, von denen zwei, nämlich MSA II-1 und III-2, bis zur Homogenität aufgereinigt werden konnten. Die relative Molekülmasse von MSA II-1 beträgt 8700, die von MSA III-2 7100. Nach dem Ergebnis der Aminosäureanalyse sind alle Aminosäuren von MSA III-2 auch in MSA II-1 quantitativ enthalten, so daß MSA III-2 möglicherweise Bestandteil der MSA II-1 ist.

MSA wird in Nährmedien angetroffen, die durch die Rattenleberzellinie BRL-3 A unter Ausschluß von Serum konditioniert wurden. In diesen ist die durch Säulenchromatographie angereicherte Rohaktivität in Milligramm-Mengen pro 4 l Medium enthalten. Ihrem biologischen Wirkungsspektrum gemäß ist die MSA den Biofaktoren mit „non-suppressible insulin-like activity" (S. 74) bzw. den Somatomedinen (S. 77ff.) zuzuordnen. Auch die Ergebnisse immunologischer Untersuchungen, aufbauend auf dem Radioimmunoassay für MSA III-2, sprechen für strukturelle Ähnlichkeiten mit den im menschlichen Blutplasma enthaltenen Insulinähnlichen Wachstumsfaktoren I und II (S. 74) sowie mit dem Somatomedin A (S. 77).

3.4.1.2. Biologische Wirkungen

Die MSA ist 1972 auf Grund ihrer — wie der Name sagt — stimulierenden Wirkung auf die Vermehrung von Zellen, und zwar von Bindegewebszellen des Hühnerembryos, erkannt worden. Inzwischen ist das *Wirkungsspektrum* als wesentlich breiter befunden worden. So schließt es zusätzlich insulinähnliche, anabole

Wirkungskomponenten und begünstigende Wirkungen auf den Sulfateinbau in das Knorpelgewebe, den α-Aminoisobuttersäure-Transport in Muskelzellen und die Aktivierung bestimmter Enzyme, wie der Ornithindekarboxylase, ein. Ferner ist die vermehrungsstimulierende Wirkung nicht auf Bindegewebszellen von Hühnern begrenzt, sondern sie erweist sich als speziesunabhängig, da auch Fibroblasten von Ratten, Enten und des Menschen zur *DNA-Synthese und Proliferation* angeregt werden.

Hinsichtlich des *Sulfateinbaus in den Knorpel* und der *insulinähnlichen Aktivität* ist die MSA II-1 den insulinähnlichen Wachstumsfaktoren I und II allerdings 5 bis 10fach unterlegen. Zusammen mit diesen und dem Somatomedin A nutzt die MSA zur Bindung an Bindegewebszellen, Rattenleberzellmembranen und an das Somatomedin-Trägerprotein im Serum (S. 77) *dieselben Rezeptoren.* Ergänzt durch den Nachweis identischer Wirkungskomponenten weisen diese Befunde zumindest auf einen gewissen Grad struktureller Homologien zwischen allen diesen Biofaktoren hin.

Interessant ist, daß MSA III-2 mittels Radioimmunoassays in relativ hoher Konzentration (1,8 bis 4,4 μg/ml) in fetalem Rattenserum nachgewiesen werden kann. Nach der Geburt fällt der Serumspiegel trotz unveränderter insulinähnlicher Gesamtaktivität um das 20 bis 100fache ab. Hieraus läßt sich schlußfolgern, daß die MSA eine *physiologische Bedeutung* als Wachstumsfaktor während der Embryonalentwicklung besitzen könnte und daß diese Funktion nach der Geburt offenbar an die ebenfalls aus Leberzellen stammenden Somatomedine übertragen wird.

3.4.2. Proliferationsfaktoren für Blutzellen

Der *Blutbildungsvorgang, die Hämatopoese,* schließt sowohl Zellproliferations- als auch -differenzierungsprozesse ein. Er unterliegt speziellen Regulationsmechanismen, die dafür sorgen, daß die physiologische Anzahl der einzelnen Blutzellen aufrechterhalten bleibt bzw. bei Normabweichung, verursacht z. B. durch Blutverlust oder Zerstörung von Blutzellen durch Krankheitserreger, rasch wieder hergestellt wird.

Die Funktionsweise des regulatorischen Systems ist unter in vivo-Bedingungen kaum zu analysieren. Einen aussichtsreichen Weg des tieferen Eindringens in die Zusammenhänge eröffnete der Mitte der sechziger Jahre geführte Nachweis, daß Vorformen der ausgereiften Blutzellen in einem halbstarren Nährmedium kultivierbar sind und bei geeigneter Stimulierung sich vermehren und sichtbare lokale Ansammlungen, sogenannte Kolonien, von Tochterzellen bilden. Unter Nutzung dieser Erkenntnis sind *Kultursysteme* aufgebaut worden, die es gestatten, hämatopoetische Zellen verschiedenen Reifegrades auf ihre Ansprechbarkeit gegenüber stimulierenden Einflüssen zu prüfen. Mit ihrer Hilfe läßt sich zeigen, daß in die Regulation der Blutzellproliferation, die hier allein interessiert, spezifische humorale Faktoren entscheidend einbezogen sind. Sie werden entsprechend dem von ihnen ausgelösten Vorgang *„Koloniebildung-Stimulierungsfaktoren“* (*KSF*) genannt.

Die KSF werden *unter in vitro-Bedingungen von Zellen gebildet* und in das Nährmedium abgegeben. Mit einer Ausnahme (Erythropoietin) leitet sich die Kenntnis ihrer Existenz hauptsächlich aus ihrem Nachweis in konditionierten Nährmedien her. Diese Tatsache ist der Grund für die Einordnung der Blutzellproliferationsfaktoren in diesen Abschnitt. Im Organismus werden sie im Blutserum und im Harn angetroffen.

Der gegenwärtige Kenntnisstand spricht dafür, daß die unreifen Vorläuferzellen der zirkulierenden Blutzellen in ganz bestimmten Entwicklungsphasen unterschiedlich ansprechbar für jeweils *spezifische Proliferations-(und Differenzierungs-)faktoren* sind und daß diese Biofaktoren mittels geeigneter Signale in den Zellen genetisch verankerte Programme abrufen und dadurch die Richtung des Reifungsweges der hämatopoetischen Zellen bestimmen.

Die Abb. 32 gibt einen vereinfachten schematischen Überblick der Zusammenhänge. Alle zirkulierenden Blutzellen leiten sich in einem komplizierten, mehrstufigen Entwicklungsprozeß aus der pluripotenten Blutstammzelle, dem Hämozytoblasten, ab. Für die myeloische und die lymphoide Zellreihe gelten bereits stärker geprägte Zellpopulationen als Stammzellen. Die Nachfolgezellen sind immer mehr in einer bestimmten Reifungsrichtung fixiert. Bei den in Abb. 32 aufgezeichneten Vorläuferzellen handelt es sich um Zellformen, die isoliert (geklont) werden konnten und für die die Beeinflußbarkeit durch KSF unter in vitro-Bedingungen als bewiesen gelten kann.

Die *pluripotente myeloische Stammzelle* (Abb. 32) der Maus ist bei ihrer Übertragung auf (bestrahlte) Mäuse zur Bildung von gemischten Milzzellkolonien befähigt. Eine solche Zelle bildet auch unter in vitro-Bedingungen Kolonien, jedoch unter der Voraussetzung, daß ihr ein KSF aus dem Nährmedium mitogenstimulierter Milzzellen zugeführt wird. Bei diesem Faktor handelt es

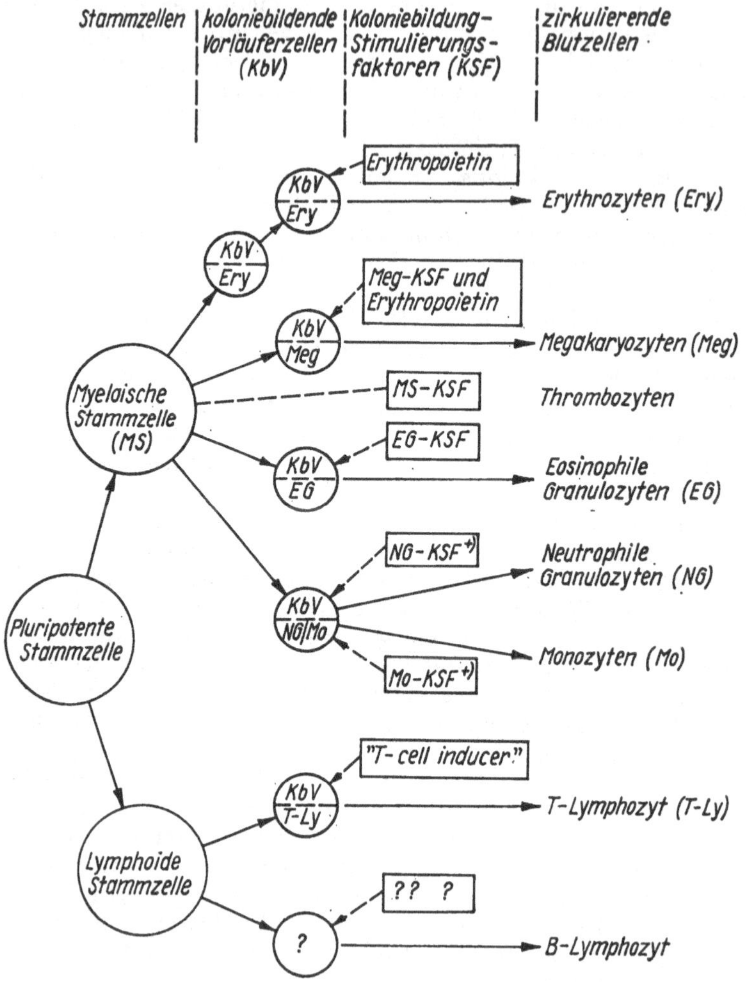

Abb. 32. Vereinfachter schematischer Überblick der Hämatopoese, soweit sie der Regulationskontrolle durch Koloniebildung-Stimulierungsfaktoren unterliegt. Die Existenz der aufgeführten koloniebildenden Vorläuferzellen ist durch deren Isolierung (Klonierung) und Kultivierung in halbstarrem Nährmedium bewiesen worden. Das Schema besitzt vorläufigen Charakter.
+) Prostaglandin E_1 wirkt gegenregulatorisch hemmend.

sich offenbar um ein Glykoprotein mit der relativen Molekülmasse um 40000.

Unter den *Vorläuferzellen der roten Blutkörperchen* (Erythrozyten) lassen sich zwei Typen unterscheiden (Abb. 32). Der eine bildet im Kultursystem Kolonien geringer Größe und wird als unmittelbare Vorstufe der ausdifferenzierten Erythrozyten angesehen. Für seine Proliferation ist Erythropoietin (s. u.) erforderlich. Der andere Vorläuferzelltyp ist vergleichsweise unreifer und bildet große Kolonien. Seine Vermehrung wird durch einen Erythropoietin-unabhängigen Mechanismus reguliert. Biologische Aktivitäten, die diese Vorläuferzelle ansprechen, sind als „Vermehrungsaktivität" in konditionierten Nährmedien mitogenstimulierter Mäusemilzzellen oder als „potenzierende Aktivität" in solchen aus Kulturen mitogenstimulierter, menschlicher, weißer Blutzellen (Leukozyten) oder einer menschlichen T-Lymphoblastenlinie enthalten. Es ist nicht ausgeschlossen, daß beide Aktivitäten identisch sind.

Das *Erythropoietin* ist ein kobalthaltiges Glykoprotein mit der relativen Molekülmasse 46000 (Schaferythropoietin). Es ist bereits seit Jahren bekannt und bestimmt im Organismus die Erythropoese, d. h. die Proliferation und Differenzierung der Stammzellen des erythroiden Systems zu den funktionstüchtigen Erythrozyten. Speziell fördert es die *Teilung der Proerythroblasten* und beschleunigt dadurch das Entstehen von Erythroblasten. Auch die Synthese von Hämoglobin, des roten Blutfarbstoffes, wird von ihm gesteuert. Im Organismus wird es als Reaktion auf eingetretenen Sauerstoffmangel aus den Glomerulumzellen der Niere in das Blut ausgeschüttet und den Blutbildungsstätten im Knochenmark zugeführt.

Biofaktoren, die die *Bildung von Megakaryozyten*, der Vorstufen der Blutplättchen, fördern, sind außer im Blutserum von Mäusen, die durch immunologische Verfahren thrombozytenarm gemacht worden sind, im konditionierten Medium mitogenstimulierter Leukozyten anzutreffen. Lymphozyten scheinen die eigentliche Quelle zu sein. Auch Erythropoietin soll die Bildung von Megakaryozytenkolonien unterstützen.

Die *Vorläuferzelle der eosinophilen Granulozyten* unterscheidet sich von der der neutrophilen Granulozyten und der Monozyten (Abb. 32).

Biofaktoren, die die Vorläuferzelle zur Bildung von Kolonien aus eosinophilen Granulozyten bewegen, sind in Medien enthalten, die durch menschliches Plazentagewebe oder durch mitogenstimulierte Mäusemilzzellen konditioniert worden sind. Auch für diesen Biofaktor gelten Lymphozyten als die wichtigste Quelle.

Mindestens zwei funktionell unterschiedliche Biofaktoren sorgen für die Stimulierung der gemeinsamen *Vorläuferzelle der neutrophilen Granulozyten und der Monozyten.* Einer von diesen fördert ausschließlich die Bildung von Monozytenkolonien, der andere regt zur Bildung beider Blutzelltypen an. Anscheinend handelt es sich bei diesem KSF um Vertreter einer Familie heterogener Proteine. Verschiedenartige Zelltypen, darunter Monozyten und T-Lymphozyten, sind zur Produktion der Biofaktoren imstande. Derjenige, der sowohl Neutrophile als auch Monozyten entstehen läßt, ist aus Nährmedium aufgereinigt worden, das durch Mäuselungen konditioniert worden war. Der die Monozytenkoloniebildung stimulierende Faktor ist in konditionierten Medien permanenter Mäusefibroblastenkulturen und im menschlichen Harn nachgewiesen worden. Da spezifische Antikörper die KSF beider Quellen neutralisieren, steht deren Identität fest. Negativ verlaufene Versuche, die DNA-Synthese anderer Zellen (Nieren-, Bindegewebszellen) zu stimulieren, sprechen für die hämatopoetische Spezifität des Biofaktors.

Die Proliferation der im Dienst der Immunabwehr stehenden *Lymphozyten* ist eng mit der Einwirkung von Antigenen oder Mitogenen gekoppelt. Ein als „T-cell inducer" bezeichneter Biofaktor, der die Proliferation von T-Lymphozyten anregt, wird in konditionierten Medien mitogenstimulierter Lymphozyten angetroffen. Bedeutungsvollere Biofaktoren, die als endogenes Signal die Proliferation (und Differenzierung) von T-Lymphozyten regulieren, sind die Interleukine (seit 1979 einheitliche Nomenklatur für bisher unterschiedlich benannte Bioregulatoren für Immunzellen). Das von aktivierten Monozyten und Makrophagen gebildete Interleukin 1 (M_r 12000—16000) stimuliert nicht nur die Proliferation, sondern fördert gleichzeitig die Freisetzung von Lymphokinen (= Mediatoren zellvermittelter Immunität), exprimiert Rezeptoren bei B-Lymphozyten und induziert die Bildung von Interleukin 2 in Helfer-Lymphozyten (T_H). Interleukin 2 ist seinerseits ein Proliferationssignal für aktivierte Responderlymphozyten (T_R). Es ist biochemisch noch nicht charakterisiert, und möglicherweise verbergen sich hinter ihm sogar mehrere Biofaktoren. Ohne Zweifel wird die gerade erst aufgenommene Interleukin-Forschung alsbald weitere wichtige Zusammenhänge aufdecken und zur Verbesserung unseres Verständnisses für die Vorgänge der Immunzellenproliferation (und -differenzierung) beitragen.

Zusammenfassend lassen sich die vorliegenden Befunde so interpretieren, daß die in die Hämatopoese (und Immunabwehr) einbezogenen Zelltypen in ganz bestimmten Phasen ihrer Reifung der Stimulierung durch ganz spezifische, von anderen Zellen freigesetzten Bioregulatoren bedürfen, um voll funktionstüchtig zu sein bzw. zu werden.

Verständlicherweise müssen noch alle Fragen nach den ***molekularen Mechanismen der Interaktion der KSF mit der Targetzelle*** (Rezeptoren?) und der Effektuierung offen bleiben. Ihre Beantwortung setzt die erfolgreiche Aufreinigung der Biofaktoren voraus, die schwierig ist, weil diese nur in sehr geringen Konzentrationen in den konditionierten Medien enthalten sind. Ebenfalls wird der Zukunft überlassen bleiben müssen, zu klären, ob das Fehlen oder der Überschuß bestimmter KSF für das Entstehen von Blutkrankheiten eine Ursache sein kann. Einige dieser Krankheiten lassen sich durchaus als das ***Ergebnis eines Zusammenbruchs des hämatopoetischen Regulationsmechanismus*** deuten. Möglicherweise ist aber nicht eine unzureichende Verfügbarkeit solcher KSF der ausschlaggebende Grund, sondern eher das Unvermögen der Targetzellen, die Information des Biofaktors zu verstehen und mit dem adäquaten, genetisch fixierten Programm zu beantworten, wodurch die geforderte Entwicklungsrichtung nicht eingeschlagen wird.

3.5. Verschiedenartige Verbindungen

Neben den im einzelnen besprochenen Proliferationsfaktoren und einigen anderen „biologischen Aktivitäten", die bisher keine größere Bedeutung erlangt haben, ist eine Reihe chemisch definierter Verbindungen bekannt, die m. o. w. deutlich die Zellproliferation zu stimulieren vermögen (Tabelle 9). Diese „Mitogene" gehören zu sehr unterschiedlichen chemischen Stoffgruppen, und ebenso unterschiedlich ist ihre Wirkungsweise. Für einige von ihnen gelten Zytomembranrezeptoren durchaus als Angriffspunkte, bei anderen ist die Zellproliferation das Ergebnis eines indirekten Wirkungsweges, indem beispielsweise die Durchlässigkeit der Zellmembran für niedermolekulare Nährstoffe erhöht wird und dadurch der Zellstoffwechsel und infolgedessen auch die Zellvermehrung gefördert werden. Bei manchen dieser Verbindungen muß die Auslösung der Zellproliferation als zufällige Wirkungskomponente angesehen werden, die hinsichtlich ihrer Bedeutung anderen ganz eindeutig nachsteht. Mit Ausnahme der Proteo- und Steroidhormone (siehe auch Tabelle 4), deren mitogene Wirkungskomponente ohne Zweifel eine wichtige Rolle in der Wachstumsregulation des Zielorgans spielt, ist die physiologische Relevanz des überwiegend an kultivierten Zellen erbrachten Wirkungsnachweises der meisten anderen Verbindungen offen.

Von diesen m. o. w. wirksamen Mitogenen und den Proliferationsfaktoren scharf zu trennen sind Verbindungen, die Nährstoffcharakter besitzen und auf deren exogene Zuführung die Zelle angewiesen ist, um ihren Stoffwechsel betreiben zu können. Auf Grund eines Mangels derartiger Stoffe wie Vitamine, essentielle Aminosäuren, mehrfach ungesättigte Fettsäuren oder Mineralstoffe, im Nährmedium kann die Vermehrung kultivierter Zellen eingeschränkt oder verhindert sein, und ihre Zuführung muß dann — sofern alle anderen Kulturbedingungen optimal sind — zwangsläufig mit Reaktivierung des Stoffwechsels und mit Proliferation beantwortet werden. Wenngleich sich hier Parallelen zur Wachstumsregulation von Mikroorganismen auftun (S. 16ff.), gehören diese nutritiven Verbindungen niedermolekularer Natur nicht zu den Proliferationsfaktoren der tierischen Zellen.

Tabelle 9

Verschiedenartige Verbindungen mit mitogener Wirkungskomponente (Auswahl).

Art der Verbindung	Chemische Struktur	Bemerkungen zur Wirkung
Enzyme	Eiweißkörper	
Proteasen Trypsin Thrombin Plasmin Pronase		Stimulierung der DNA-Synthese: Verbesserung der Ansprechbarkeit durch Freilegen von Zytomembranrezeptoren? Nur ein Teil der Zellen einer Population spricht an.
Ribonuklease Hyaluronidase		Stimulierung der DNA-Synthese und eines einzigen Durchlaufs durch den Proliferationszyklus, offenbar auf indirektem Weg.
Lektine Concanavalin A Sojabohnenlektin	Kohlenhydrathaltige Eiweißkörper (Glykoproteine) pflanzlicher Herkunft	Auslösung der Proliferation bestimmter Zelltypen (z. B. Lymphozyten und Fibroblasten) durch Bindung an Zuckerreste von Glykoprotein-Rezeptoren der Zytomembran und Verstärkung des Hexosetransports
Nukleoside **Nukleotide**	Verbindung zwischen einer Pyrimidin- oder Purinbase mit D-Ribofuranose bzw. zusätzlich mit Phosphorsäure	Zellvermehrung wird bei Bakterien, Hefen und höheren Pflanzen (S. 32) stimuliert. Bei tierischen Zellen fungieren zyklische Nukleotide als „Second messenger“ (S. 124).

Tabelle 9 (Fortsetzung)

Art der Verbindung	Chemische Struktur	Bemerkungen zur Wirkung
Steroidhormone		
Kortikoide Cortisol Cortison	(Formelzeichen 6) Cortisol	Potenzierung der Wirkung bestimmter Proliferationsfaktoren. Cortison wirkt nach Umwandlung in Cortisol.
Geschlechtshormone	(Formelzeichen 7) Testosteron	Induktion der Proliferation im Zielorgan, z. B. im Verlauf des weiblichen Geschlechtszyklus. Außerdem indirekter Wirkungsweg durch Stimulierung der Biosynthese von Biofaktoren, z. B. des EGF (S. 86) und des Erythropoietin, durch männliches Geschlechtshormon.
Prostaglandine	Ungesättigte Karbonsäuren mit 20 C-Atomen. Grundkörper ist die Prostansäure (Formelzeichen 8)	Initiierung der DNA-Synthese bei bestimmten Zelltypen unter bestimmten Bedingungen.
Amine		
Histamin Tryptamin Serotonin	Dekarboxylierungsderivate der Aminosäuren Histidin und Tryptophan. (Formelzeichen 9) Tryptamin	Begrenzte proliferative Wirkung auf die Regeneration niederer Würmer und auf Lebergewebe. Strukturelle Beziehungen zu den Pflanzenwuchsstoffen (Indolderivate S. 24).
Putreszin Spermin Spermidin	Derivate der Aminosäuren Arginin und Ornithin. (Formelzeichen 10) Putreszin (Amin des Ornithins)	Stimulierung der Proliferation. Schnellwachsende Gewebe (Tumor, regenerierende Leber, Plazenta) enthalten Polyamine. – Putreszinbildung wird durch Ornithindekarboxylase katalysiert; deren Biosynthese wird durch EGF, NGF und Hormone (STH, Geschlechtshormone) stimuliert.
Ca^{++}		Regulatorische Mitbeteiligung an der Vermehrungskontrolle.

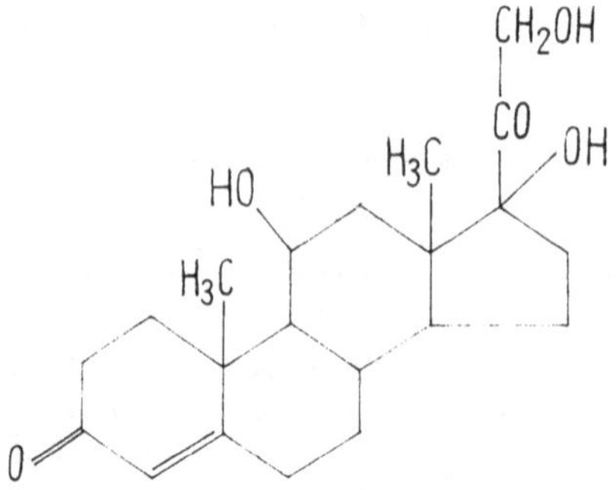

Cortisol

Formelzeichen 6

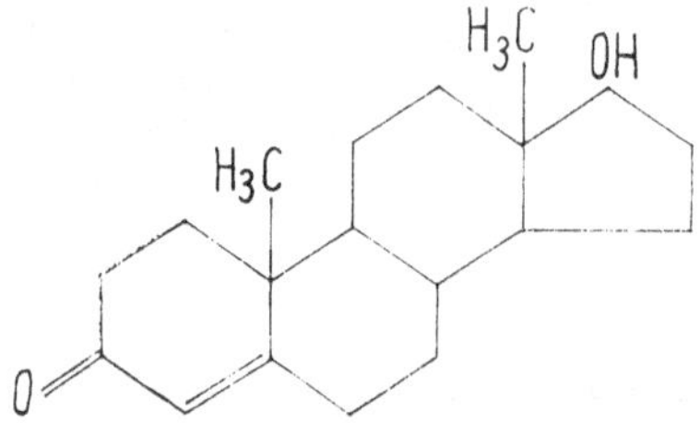

Testosteron

Formelzeichen 7

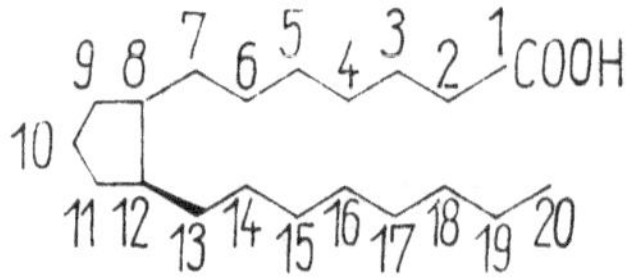

Formelzeichen 8

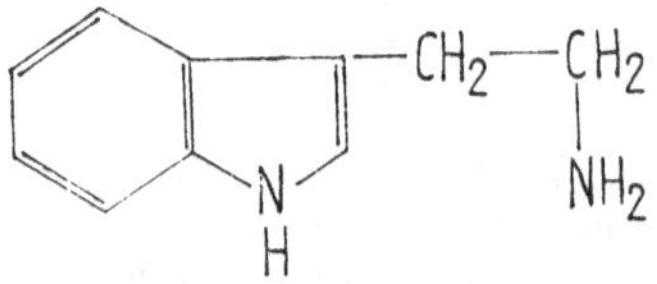

Tryptamin

Formelzeichen 9

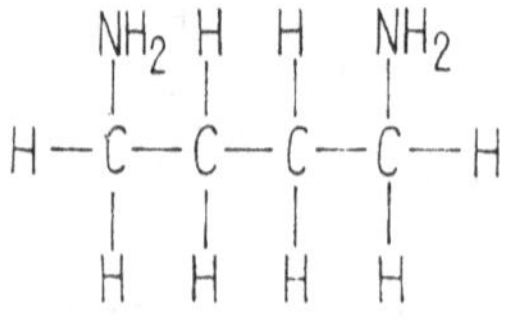

Formelzeichen 10

4. Wechselwirkung zwischen Proliferationsfaktor und Zelle

4.1. Bindung an die Zielzelle

Für viele Proteohormone und andere Biofaktoren mit Eiweißnatur steht fest, daß sie ihre biologischen Effekte durch Wechselwirkung (Interaktion) mit spezifischen Rezeptoren an der Oberfläche der Zielzellen herbeiführen. Im Gefolge ihrer Vereinigung mit den Rezeptoren wird eine *Kette biochemischer Prozesse* in Gang gesetzt, die durch folgende, nacheinander ablaufende zelluläre Reaktionen gekennzeichnet ist:

— Rasch eintretende molekulare *Diffusions- und Umlagerungsvorgänge in der Zellmembran;*
— Beschleunigte *Aufnahme von Metaboliten* in die Zelle und *Aktivierung bestimmter zytoplasmatischer Enzyme* als Kurzzeiteffekte;
— *Proliferations- und/oder Differenzierungsvorgänge* als Langzeiteffekt.

Insulin, insulinähnliche Wachstumsfaktoren, STH, NGF und EGF gehören zu den Proliferationsfaktoren, für die eindeutig geklärt ist, daß sie an spezifische Rezeptoren ihrer Zielzellen angreifen.

Einblicke in die Interaktionsbeziehungen zwischen Proliferationsfaktor und Zelle erhält man, indem man die Biofaktoren auf charakteristische Weise „kennzeichnet" und ihren Weg verfolgt. Die Kennzeichnung oder *Markierung* ist auf verschiedene Weise zu erreichen:

— *Einführung eines radioaktiven Isotops,* z. B. ^{125}Jod, in das Biofaktormolekül. Derart markierte Biofaktoren lassen sich auf Grund ihrer Strahlung noch in außerordentlich geringer molarer Konzentration erfassen, z. B. im Fall des EGF im Bereich von 10^{-10} M und darunter. Bei Einhaltung exakt definierter Bezugsgrößen und spezifischer Radioaktivitäten lassen sich Auskünfte u. a. über den Zeitverlauf der Bindung der Biofaktoren an die Zielzellen, den Maximal- bzw. Sättigungswert der mittels des Faktors gebundenen Radioaktivität und den Umfang der Verdrängung des Biofaktors aus seinen Rezeptoren unter den verschiedensten Bedingungen, gegebenenfalls auch durch andere, den gleichen Rezeptor besetzende Biofaktoren, erhalten.

— Chemische *Kopplung des Biofaktors* unmittelbar oder mittelbar *mit einem Fluoreszenzfarbstoff*. Als Fluoreszenzfarbstoff werden Fluoreszein oder Rhodamin verwendet, die nach Kopplung mit dem Biofaktormolekül dieses in die Lage versetzen, bei Bestrahlung mit kurzwelligem (blauem oder ultraviolettem) Licht gelbgrün bzw. rot aufzuleuchten und sich dadurch im Mikroskop zu erkennen zu geben. Auf diese Weise lassen sich örtliche Anreicherungen gebundener Biofaktormoleküle auf der Zelloberfläche orten.

Für die mittelbare Fluoreszenzmarkierung wird bevorzugt Rhodamin-markiertes α-Laktalbumin' verwendet. Es wird auf chemischem Wege mit dem Biofaktormolekül vereinigt. Solche „Konjugate" sind mit Insulin und EGF hergestellt worden, wobei z. B. jedes EGF-Molekül über das gebundene Laktalbumin acht Rhodaminmoleküle eingeführt erhielt. Es gibt jedoch Hinweise darauf, daß solche Konjugate anormale Zytomembranreaktionen induzieren können und demzufolge die mit ihnen erhaltenen Befunde mit Vorsicht interpretiert werden müssen.

— Chemische *Kopplung mit Ferritin*, einer eisenhaltigen, eiweißartigen Verbindung. Der Vorteil dieser Verbindung besteht darin, daß sie elektronendicht und dadurch im Elektronenmikroskop darstellbar ist. Der mit Ferritin konjugierte Biofaktor läßt sich demzufolge unter den günstigen Bedingungen hoher elektronenmikroskopischer Auflösung auf der Zelloberfläche lokalisieren.

Aus *kinetischen Bindungsstudien*, die mit solcherart markierten Proliferationsfaktoren durchgeführt worden sind, ergeben sich Gleichheiten zur Rezeptorbindung von Proteohormonen. Sie lassen den Schluß zu, daß Proliferationsfaktoren ebenfalls spezifische Veränderungen der (lateralen und Rotations-)Bewegung bestimmter, als Rezeptoren fungierender Membrankomponenten herbeiführen und dadurch ein besonderes Signal setzen, das die Zelle zur Proliferation bewegt.

Folgende interessante Befunde, die vor allem Insulin, EGF und NGF betreffen, sollen diese Aussage untermauern.

EGF-spezifische Rezeptoren besitzen Glykoproteinnatur. Auf jeder menschlichen Bindegewebszelle lassen sich 40000 bis 100000 derartige Rezeptoren nachweisen. Gleichzeitig sind etwa 4000 Insulinrezeptoren vorhanden. Beide Rezeptoren unterscheiden sich nicht nur untereinander, sondern auch von den Bindungsstellen anderer Polypeptide, wie NGF oder Wachstumshormon. Rezeptoren für NGF sollen außer in der Zytomembran der (sensorischen und sympathischen) Ganglienzellen auch in deren Zellkernmembran vorhanden sein.

Die Bindung der Proliferationsfaktoren erfolgt schnell, erreicht ihr Maximum nach etwa 45 min (Bindegewebszellen) und ist in bestimmten zeitlichen Grenzen reversibel. Die Dissoziationskonstante (K_D) beträgt für die EGF-Bindung $2 - 4 \times 10^{-10}$ M, was besagt, daß EGF in sehr geringer Konzentration spezifisch gebunden wird.

Die Rezeptoren sind gewöhnlich nicht gleichmäßig über die Zelloberfläche verteilt. So gibt es Oberflächenareale, in denen die *Rezeptorendichte* überdurchschnittlich hoch ist. Der physiologische Sinn ist noch unklar.

Rezeptoren unterliegen einem „*Turnover*", d. h. sie werden normalerweise unablässig auf- und abgebaut. Beispielsweise beträgt die biologische Halbwertszeit ($t_{1/2}$) für Wachstumshormonrezeptoren etwa 10 und für Insulinrezeptoren 30 bis 40 Stunden.

Eine Erkenntnis jüngster Zeit ist, daß Zellen, die verhältnismäßig hohen Konzentrationen von Insulin, EGF oder NGF ausgesetzt sind, einen nachweisbaren *Verlust von Rezeptoren* für den betreffenden Biofaktor erleiden. Dieses Phänomen, als „down regulation" bezeichnet, erweist sich als von verschiedenen äußeren Einflüssen abhängig, wie Konzentration des Biofaktors, Temperatur und Zeit. Niedrige Temperaturen (4 °C) hemmen diesen Vorgang. Werden „down-regulierte" Zellen in ein Medium gebracht, das den betreffenden Biofaktor nicht mehr enthält, so ist innerhalb von 8 bis 16 Stunden, offenbar durch Neusynthese, die ursprüngliche Rezeptorenzahl wieder hergestellt. Denkbar ist, daß über den Vorgang der „down regulation" die Zelle ihre Ansprechbarkeit gegenüber Biofaktoren zu verändern, d. h. herabzusetzen, vermag.

Für das Verschwinden der Rezeptoren ist die *rezeptorvermittelte Endozytose* verantwortlich. Unter diesem Vorgang, auch als „Internalisation" bezeichnet, wird die Aufnahme von Ligand-Rezeptor-Komplexen in das Zellinnere verstanden. Die einzelnen Schritte der Internalisation erwiesen sich beim Insulin und EGF phänomenologisch als gleich. Zuerst bindet sich der Biofaktor an diffus verteilte, mobile Membranrezeptoren (Abb. 33). Es schließt sich als temperatursensitiver Prozeß die Akkumulation von Ligand-Rezeptor-Komplexen an vorbestimmten Stellen der Zelloberfläche an, wodurch mikroskopisch sichtbare, bewegungsunfähige Ligand-Rezeptorkomplex-Haufen („Cluster") entstehen. Es folgt eine grubenähnliche Einsenkung der Zellmembran unterhalb der „Cluster" in einem vorbestimmten Areal, das Rezeptosom ge-

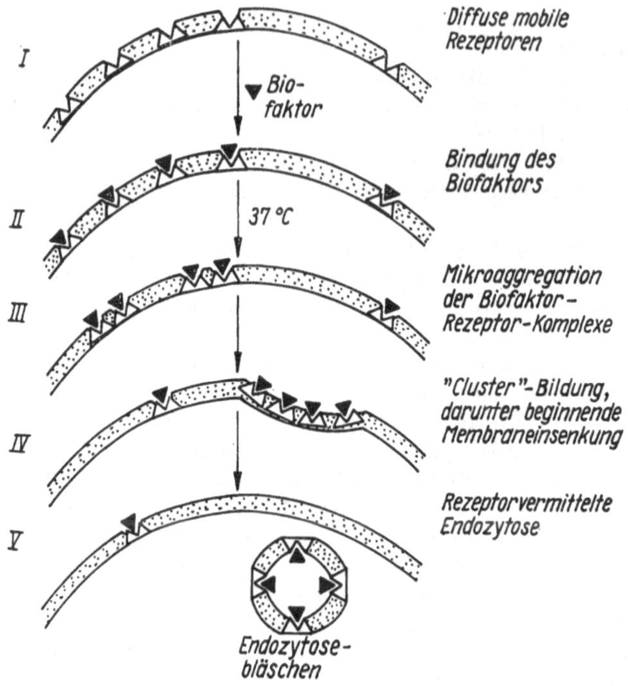

Abb. 33. Bindung des EGF oder des Insulins an Bindegewebszellen mit nachfolgender rezeptorvermittelter Endozytose. Die Rezeptoren sind in der Zellmembran gleichmäßig verbreitet und diffusionsfähig (I). Der Biofaktor bindet an seine Rezeptoren (II). Die Biofaktorbindung löst eine lokale Mikroaggregation der Biofaktor-Rezeptor-Komplexe aus (III). Diese häufen sich an bestimmten Stellen der Zellmembran an und werden immobil (IV). Durch Abschnürung eines Zellmembranabschnittes entsteht ein Endozytosebläschen, das die „Cluster" auf seiner inneren Oberfläche trägt und mit intrazellulären Organellen in Wechselwirkung tritt.

nannt wird und durch das Vorhandensein eines besonderen Proteins (= Clathrin) gekennzeichnet ist. In einem energieverbrauchenden Prozeß wird dieser Membranteil abgeschnürt, wodurch ein Endozytosebläschen entsteht, dessen innere Membranoberfläche die Ligand-Rezeptor-Komplexe trägt. Das Bläschen gelangt in das Zytoplasma und wird intrazellulären Organellen zugeführt.

Über die *physiologische Bedeutung der Internalisation* besteht noch keine rechte Klarheit. Es werden zwei Ziele diskutiert, die bezweckt sein könnten:

1. Die Internalisation steht im *Zusammenhang mit der Auslösung des biologischen Effektes.* Sie hat die Aufgabe, den an der Zelloberfläche gebundenen Liganden an intrazelluläre Rezeptoren heranzuführen, die an der äußeren Kernmembran liegen könnten, wodurch die biologische Langzeitwirkung ausgelöst werden könnte. Grundlage dieser Überlegung ist die Feststellung, daß Bindungsstellen für Insulin und NGF an isolierten Kernen von Rattenleberzellen bzw. anderen Targetzellen nachgewiesen werden können und daß durch Hemmung des intrazellulären lysosomalen Abbaus von EGF mittels Chloroquin eine Anreicherung des internalisierten Biofaktors an der äußeren Kernmembran erreicht werden kann. Exogen zugeführter NGF soll sich normalerweise zu 15—30% in der Kernfraktion der Zielzelle wiederfinden lassen. Es ist vorstellbar, daß der freie oder an Kernrezeptoren gebundene Biofaktor den perinukleären Spaltraum durchdringt, in das Kerninnere gelangt und hier regulierende oder modulierende Funktionen ausübt.

   Nicht wenige Befunde sprechen aber gegen eine solche Deutung. So ist der Internalisationsvorgang milieuabhängig in der Weise, daß er in Gegenwart von Serum im Kulturmedium beobachtet wird, nicht aber beim Ersatz von Serum durch Hormonkombinationen, obwohl unter beiden Bedingungen z. B. HeLa-Zellen zur Proliferation angeregt werden. Ferner läßt sich zeigen, daß Wirkstoffe, die die Clusterbildung und damit den Internalisationsvorgang zu hemmen vermögen, unter Umständen eine Verstärkung des biologischen Effektes von EGF auf die Zelle bewirken. Es ist deshalb anzuzweifeln, ob die Internalisation eine zwingende Voraussetzung für die Realisierung der biologischen Wirkung sein kann.

2. Der Internalisationsvorgang hat sein Ziel in der *Beseitigung überschüssiger oder verbrauchter Liganden,* indem diese den intrazellulären Abbaustätten, den Lysosomen, zugeführt werden. Hierfür spricht, daß innerhalb kurzer Zeit ($t_{1/2} = 20$ min) nach Bindung und anschließender Internalisation von mit radioaktivem Jod markierten EGF das Abbauprodukt Monojodtyrosin nachweisbar wird, das ein Ergebnis der Einwirkung lysosomaler Proteasen auf den markierten Biofaktor ist. Es gibt bisher keine Anhaltspunkte dafür, daß ein Proteohormon seine biologische Wirkung über im Zellinnern entstandene

Abbauprodukte realisiert. Demzufolge ist in der intrazellulären Aufnahme offenbar lediglich ein Beseitigungsvorgang für den Biofaktor zu erblicken. Ist dies so, dann erhebt sich die Frage, an welcher Stelle der Wechselwirkung zwischen Ligand und Rezeptor der Prozeßschritt mit biologischer Relevanz liegen könnte.

Offenbar ist es diejenige Phase, die zwischen der eingetretenen Biofaktorbindung an die Zelle und dem Stadium mikroskopisch erkennbarer Cluster (im Fall der Verwendung von Fluoreszenzkonjugaten) liegt. Die Besetzung der Rezeptoren selbst ist biologisch unproduktiv, wenn ihr nicht wenigstens eine *Rezeptoraggregation* folgt. Eine umschriebene Mikroaggregation, an der nur wenige Rezeptoren teilhaben, tritt bereits innerhalb von 50 ms bis 1 s nach Biofaktorbindung unter optimalen Bedingungen ein, während die globale Aggregation, die sich durch Cluster zu erkennen gibt und Hunderte von Rezeptoren einbezieht, mehrere Sekunden bis zu 10 Minuten benötigt.

Für die *Bedeutung der Mikroaggregation* als Startpunkt der Effektuierungskette sprechen mehrere experimentelle Ergebnisse. So lassen sich beispielsweise mit Anti-Insulinrezeptor-Antikörpern Insulinrezeptoren besetzen und gleiche biologische Effekte auslösen, wie sie normalerweise durch Bindung von Insulin induziert werden. Dies gelingt aber nur dann, wenn entweder das komplette Antikörpermolekül oder wenigstens sein bivalentes Spaltprodukt [$(Fab')_2$-Fragment] verwendet wird, nicht aber, wenn das monovalente Spaltprodukt (Fab'-Fragment) eingesetzt wird. Im ersten Fall gewährleistet die Bivalenz eine Verknüpfung der Rezeptoren, d. h. eine Mikroaggregation als Folge, die im letzten Fall trotz Bindung der Antikörperfragmente (an lediglich je einen Rezeptor) ausbleibt.

Ähnliche Versuchsergebnisse liegen auch in bezug auf EGF vor. Ein Derivat, das nach Bindung an EGF-Rezeptoren deren diffuse Verteilung auch nach langer Einwirkung bei 37 °C nicht verändert und dadurch die DNA-Synthese der Zellen so gut wie nicht stimuliert, erlangt volle biologische Aktivität, wenn durch nachfolgende Zuführung von bivalenten EGF-spezifischen Antikörpern eine Verknüpfung der besetzten Rezeptoren herbeigeführt wird. Mit demselben Mechanismus ist zu erklären, warum ineffektive Konzentrationen von EGF durch Zuführung von EGF-spezifischen Antikörpern wirksam gemacht werden können, nämlich weil hierdurch ein notwendiger Grad an Rezeptorenverknüpfung und -mikroaggregation nachträglich herbeigeführt wird. In beiden Fällen wurden die EGF-spezifischen Antikörper in Konzentrationen verwendet, die allein keinerlei biologischen Effekt bewirken.

Welcher Art die *molekularen Vorgänge* sind, die nach Rezeptorbesetzung und -verknüpfung den Mikroaggregationsprozeß bedingen, ist unbekannt. Eine Diffusionserhöhung der Rezeptoren mit dem Ergebnis der Bildung einer größeren Zahl von Rezeptorenpaaren dürfte nicht das entscheidende Geschehen sein; denn auf der Grundlage der Bedingungen des „fluid mosaic model" der Zellmembran kann eingeschätzt werden, daß bei z. B. 50000 Rezeptoren für EGF auf einer Bindegewebszelle sich 50 Rezeptoren auf 1 μm^2 Zelloberfläche befinden, so daß bei einem Diffusionskoeffizienten von 5×10^{-10} $cm^2\,s^{-1}$ diffusionsbedingte Kollisionen pro Sekunde erwartet werden könnten und demzufolge die Bildung von Rezeptorpaaren auch ohne Zutun von außen normalerweise gewährleistet wäre. Es ist deshalb wahrscheinlicher, daß durch den Biofaktor eine Konformationsänderung des Rezeptormoleküls hervorgerufen wird, aus der eine Erhöhung der Bindungsaffinität zwischen den mobilen Rezeptoren resultiert.

Unmittelbare Folge der Mikroaggregation sind frühe biologische Antworten der Zelle, und zwar bedingt entweder durch direkte oder indirekte *Aktivierung von* (Ionen-, Glukose-, Aminosäure-) *Transportsystemen der Zellmembran* (Abb. 34).

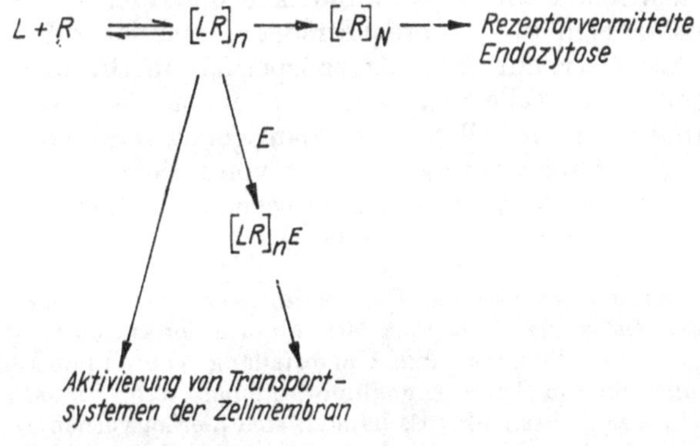

Abb. 34. Über zwei Wege können Rezeptor-Mikroaggregate, die durch Interaktion von Insulin oder EGF mit der Zelle zustande kommen, frühe zelluläre Reaktionen auslösen: 1) Die Ligand-Rezeptor-Mikroaggregate $[LR]_n$ aktivieren auf direktem Weg die Transportsysteme der Zellmembran; 2) Die Ligand-Rezeptor-Mikroaggregate treten mit einem Effektormolekül E in Wechselwirkung, das sich ebenfalls in der Zellmembran befindet. Der hierdurch entstehende Komplex $[LR]_nE$ aktiviert die Transportsysteme. L = Ligand; R = Rezeptor, E = Effektor.

Aus dem Typ der Targetzelle, der Nervenzelle, ergeben sich einige *Besonderheiten in der Interaktion von NGF mit der Zelle.* Sie berühren aber nicht das Diffusionsverhalten von NGF-Rezeptorkomplexen in der Membran (gleicher Diffusionskoeffizient wie bei Insulin und EGF) oder die Internalisation, die für NGF ebenfalls zutrifft. Sie bestehen eigentlich nur darin, daß die Bindung von NGF und die Cluster-Bildung nicht auf die Zellkörper beschränkt, sondern auf den Achsenzylinderfortsatz (Axon) der Nervenzelle, der der Erregungsweiterleitung dient, ausgedehnt sind. Die im Bereich des Axon internalisierten NGF-Rezeptor-Komplexe werden von der Peripherie zum Zellkörper transportiert (zum Zwecke des Abbaus?). Es bedarf noch der Klärung, ob die Internalisation des NGF im Bereich der Nervenendigungen im Zusammenhang mit dem Nervenfaserwachstum steht, das durch den NGF induziert wird (S. 94).

4.2. Signalumwandlung

Die in der Zellmembran ablaufenden Vorgänge der Rezeptoraggregation sind keinesfalls eine Eigentümlichkeit der Interaktion von Proliferationsfaktoren (und Proteohormonen) mit der Zelle. Sie treten in gleicher Weise auf, wenn Antikörper mit spezifischen Oberflächenantigenen der Zelle reagieren. Studien zur Wechselwirkung von Antikörpern mit Zelloberflächenantigenen verdanken wir sogar die ersten Hinweise auf die Existenz von zellulären Rezeptoren und in jüngster Vergangenheit entscheidende Beiträge zur Aufklärung deren dynamischen Verhaltens.

Es besteht jedoch ein bemerkenswerter *Unterschied zwischen der Proliferationsfaktor- und der Antikörperwirkung* insofern, als sich der antikörperinduzierten Bewegungsbeeinflussung und Umverteilung von Zelloberflächenantigenen überwiegend keine Signalumwandlung, d. h. Signalverarbeitung im Zellinnern, anschließt. Es handelt sich hierbei vornehmlich um Vorgänge, die in ihrem Ablauf auf die Ebene der Zellmembran begrenzt bleiben und „lediglich" der Zellerkennung dienen. Sie sind zentraler Betrachtungsgegenstand der Transplantationsimmunologie.

Im Unterschied zur Antikörperbindung muß das in der chemischen Struktur des Proliferationsfaktors verschlüsselte Signal nach Übertragung auf die Zelle in das Zellinnere weitergeleitet werden, wenn die Zelle antworten soll. Demzufolge muß in der Zelle eine Reaktionskette ausgelöst werden, die der *Umwandlung des Bindungssignals in die biologische Antwort*, d. h. der Effektuierung, dient.

Die strukturellen Grundlagen der *Effektuierungskette* entziehen sich unserer Kenntnis. Eine entscheidende Rolle dürfte dem Effektor als jenem Kettenglied zukommen, das zwischen Rezeptor und Zytoplasma geschaltet ist (Abb. 15).

Der amerikanische Nobelpreisträger EDELMANN entwickelte Modellvorstellungen (Abb. 35). Ausgehend vom „fluid mosaic

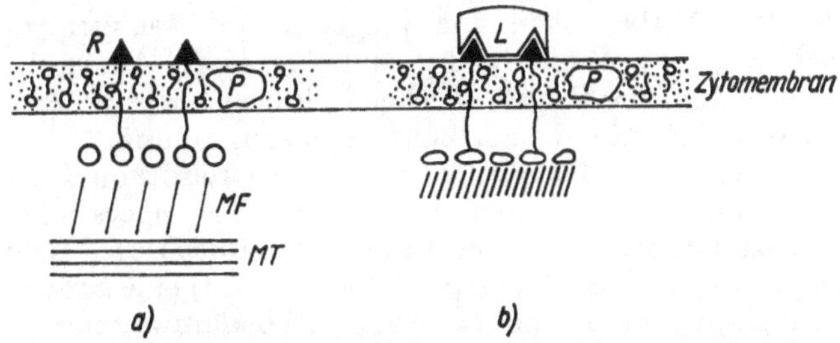

Abb. 35. Rezeptoren (R) werden hinsichtlich ihrer Beweglichkeit und Verteilung in der Phospholipiddoppelschicht der Zytomembran durch Mikrofilamente (MF) kontrolliert, die mit den Mikrotubuli (MT) in Kontakt stehen. Im Unterschied zum unbeeinflußten Zustand (a) induziert die Rezeptorbesetzung durch einen Liganden (L) eine Aggregationsänderung der Mikrofilamente und Mikrotubuli (b), durch die Funktionsabläufe beeinflußt werden sollen. P = intramembröse Partikel. (Nach EDELMANN).

model" der Zytomembran, dem zufolge die Rezeptorproteinmoleküle mosaikartig und diffusibel in eine Matrix aus einer flüssigen Phospholipid-Doppelschicht eingebettet sind, unterstellte er, daß die Zelloberflächenrezeptoren „nicht wie Korkstücke im Meer umherschwimmen", sondern daß zumindest bestimmte Rezeptoren „verankert" sind und hinsichtlich ihrer Bewegung kontrolliert werden. Diese Kontrolle soll ausgeführt werden durch Aggregate von Molekülen, die unmittelbar unter der Zellmembran liegen und sich strukturell in Kontakt mit solchen Rezeptormolekülen (Abb. 35, R) befinden, die die Zellmembran vollständig durchdringen. Die Gesamtheit der an der Rezeptorkontrolle beteiligten Moleküle nannte er „oberflächenmodulierender Komplex". In diesen sind Strukturproteine der Zelle, sogenannte Mikrofilamente (MF) einbezogen, die die Verbindung zu den für Bewegungsabläufe der Zelle verantwortlichen, kontraktilen Mikrotubuli (MT) herstellen.

Für letztere ist die Beteiligung an der Gestaltgebung der Zelle und am Mitosevorgang klargestellt; darüber hinaus scheinen ihnen jedoch noch weitere wichtige Aufgaben bei der Regulierung von Funktionsabläufen innerhalb der Zelle zuzufallen. Auf Grund dieser Anordnung könnten spezifische Bindungsereignisse an der Zellmembran (L) Aggregationsveränderungen der zytoplasmatischen Strukturproteine hervorrufen (Abb. 35, b), wie umgekehrt letzte auf Beweglichkeit und Verteilung der Oberflächenrezeptoren Einfluß nehmen könnten.

Dieses Modell ist aber nach den jüngsten Auffassungen zu mechanistisch angelegt. Zudem gibt es keine klare Auskunft, wie die Umwandlung des Signals in chemisch-enzymatische Prozeßabläufe erfolgen könnte, die zur Zellvermehrung führen.

Da anzunehmen ist, daß analog der Wirkungsweise von Hormonen und Neurotransmittern (den chemischen Überträgerstoffen der Nervenerregung) auch für die Proliferationsauslösung dem Enzym Adenylatzyklase als Bildner des cAMP (S. 124) eine Schlüsselstellung zukommt, wurde inzwischen der Signalumwandlungsvorgang von anderen Untersuchern dahingehend präzisiert. Zugleich wurde ausgeschlossen, daß der Rezeptor allein für die Kontrolle der Realisierung der Information zuständig ist. Statt dessen wird das *Vorhandensein eines komplexen regulatorischen Systems* angenommen, das neben dem Rezeptor (R) aus einer durch das Nukleotid Guanosintriphosphat (GTP) aktivierbaren regulatorischen Proteinkomponente (P) und einer katalytischen Einheit (K) besteht, die sich beide an der inneren Oberfläche der Zytomembran befinden (Abb. 36). Im unbesetzten Zustand bildet der Rezeptor einen Unterkomplex mit dem regulatorischen Protein, wodurch eine Reaktion des letzten mit dem aktivierenden Nukleotid vereitelt wird. Rezeptorbesetzung legt dagegen den Weg für die Bindung des Nukleotids an das regulatorische Protein frei. Dieses übt die unmittelbare Kontrolle über die Funktion der katalytischen Einheit aus. Es wird postuliert, daß das regulatorische Protein in zwei Qualitäten, jeweils mit einem eigenen Rezeptor verbunden, vorliegt, nämlich als stimulierendes (Abb. 36, sP) und als hemmendes regulatorisches Protein (hP). Demzufolge wird die katalytische Einheit in Abhängigkeit von der Art des irritierten Rezeptors entweder aktiviert oder außer Funktion gesetzt. Im Fall der Aktivierung wird das in ihr lokalisierte Enzym Adenylatzyklase wirksam und katalysiert die Bildung von cAMP.

Das Postulat, wonach ein stimulierendes und ein hemmendes regulatorisches Protein existiert, befindet sich in Übereinstimmung mit der Existenz von fördernden und von hemmenden Regulatoren der Proliferation. *Proliferationsfaktoren* müßten nach diesen Modellvorstellungen über ihren Rezeptor das hemmende regulatorische Protein aktivieren, das seinerseits die katalytische Einheit stillegt, weil die Proliferation von Zellen überwiegend mit einem niedrigen intrazellulären Gehalt an cAMP korreliert (S. 125).

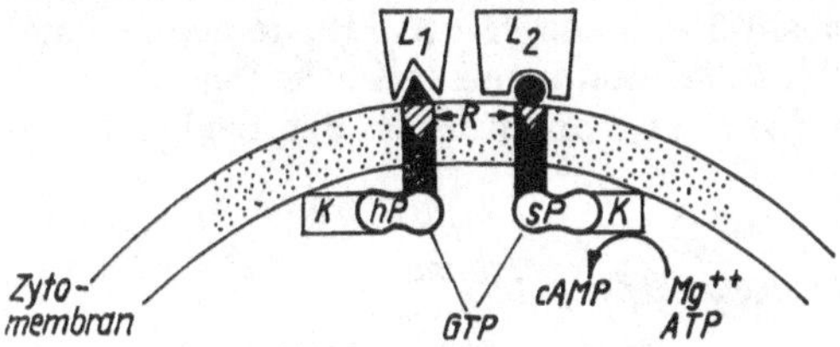

Abb. 36. Komponenten und Organisation des komplexen regulatorischen Systems, durch das die Aktivität der membranständigen Adenylatzyklase reguliert wird. L_1, L_2 = Ligend 1 bzw. 2; R = Rezeptor; K = katalystische Einheit; hP, sP = hemmendes bzw. stimulierendes regulatorisches Protein; ATP, GTP, cAMP siehe Abkürzungsverzeichnis.

Für die Gültigkeit dieses „*Rezeptor-Aggregat-Entkopplungsmodells*" wird eine Reihe einleuchtender Beweise aus dem Gebiet der Hormon- und Neurotransmitterwirkung vorgelegt. Möglicherweise sind es die „entkoppelten" Rezeptoren, die der endozytotischen Beseitigung (S. 117) zugeführt werden. Es bleibt abzuwarten, ob das Modell generell akzeptiert werden kann.

4.3. Biochemische Grundlagen der Wirkungsauslösung

Vertritt man weiter den bisher gültigen Standpunkt, daß Proliferationsfaktoren den biologischen Effekt allein von der Zelloberfläche aus induzieren, läßt man also die nicht bewiesene Möglichkeit der Wirkungsauslösung durch Internalisation von Rezeptor-Ligand-Komplexen außerhalb der Betrachtung, dann muß als Effektor ein *chemisches Bindeglied* existieren, daß das auf die Zelloberfläche übertragene Signal im Zellinnern in biochemische Reaktionen umsetzt, die letztlich in die DNA-Synthese einmünden. Dieses Bindeglied wird — abgeleitet von der Wirkungsweise von Proteohormonen, die als „erste Boten" der jeweiligen Informationskette aufzufassen sind — als „zweiter Bote" („second messenger") bezeichnet. Diese „zweite Boten"-funktion üben zwei *zyklische Nukleotide*, nämlich das zyklische Adenosin-3', 5'-monophosphat (cAMP) und das zyklische Guanosin-3', 5'-monophosphat (cGMP), aus.

Im Schema der Abb. 37 sind Entstehung und Abbau des cAMP erläutert (Prinzipiell ähnlich wird cGMP aus GTP gebildet). Das cAMP entsteht aus Adenosin-5'-triphosphat (ATP), dem auf Grund seiner energiereichen Phosphatbindungen wichtigsten Energielieferanten für die Zelle (Spaltung allein einer der beiden Pyro-

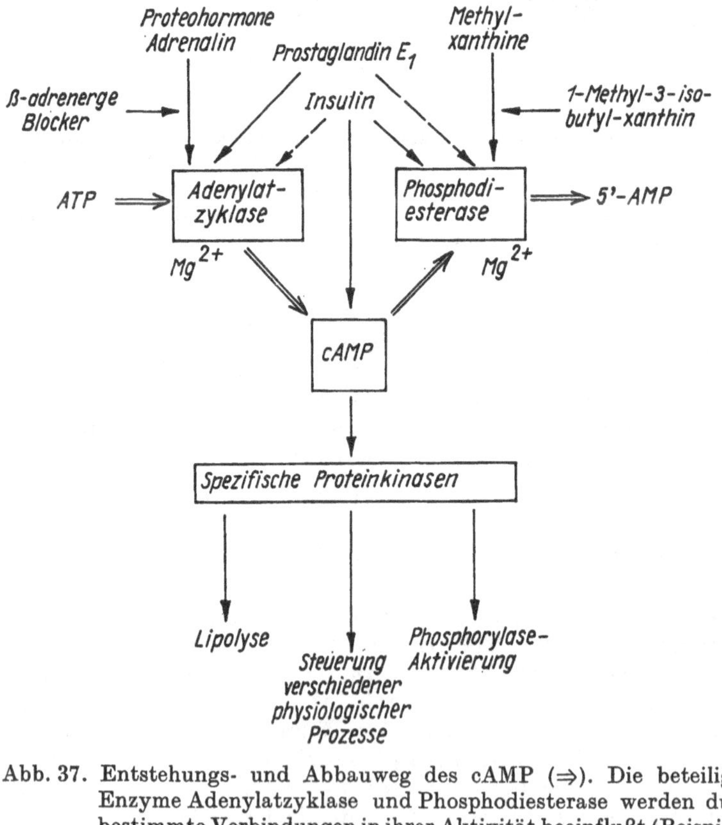

Abb. 37. Entstehungs- und Abbauweg des cAMP (⇒). Die beteiligten Enzyme Adenylatzyklase und Phosphodiesterase werden durch bestimmte Verbindungen in ihrer Aktivität beeinflußt (Beispiele). Das cAMP entfaltet seine Wirkungen durch Aktivierung spezifischer Proteinkinasen.

phosphatbindungen setzt etwa 33,5 kJ = 8 kcal frei!), unter katalytischer Einwirkung des Enzyms Adenylatzyklase. Ein weiteres Enzym, die Phosphodiesterase, katalysiert den Abbau des cAMP zum Adenosin-5'-monophosphat (5'-AMP).

Die *Adenylatzyklase* ist in den Zellen in der Zytomembran verankert, wo sie von den Wechselwirkungen des chemischen Signalgebers mit der Zelle ziemlich unvermittelt betroffen ist. Hierdurch und auf verschiedene andere Weise (Abb. 37) wird sie in ihrer Aktivität beeinflußt und infolgedessen die durch sie katalysierte Bildung des cAMP entsprechend intensiviert oder eingestellt. Für den aktuellen Gehalt der Zelle an cAMP hat aber auch die das cAMP abbauende Phosphodiesterase wichtigen Anteil, die ebenfalls induzierten Aktivitätsschwankungen unterliegt.

Das cAMP stimuliert in Abhängigkeit vom Zelltyp verschiedenartige Zellreaktionen, indem es *spezifische Proteinkinasen* aktiviert, welche die Übertragung energiereicher Phosphatgruppen (Phosphorylierung) auf einweißhaltige Schlüsselsubstrate des Zellstoffwechsels veranlassen (Abb. 37). Hierdurch werden chemische Prozeßketten in Gang gesetzt, die hinsichtlich ihrer Art dem auf die Zelle eingewirkten chemischen Signal entsprechen. Durch Einwirkung *spezifischer Phosphatasen* können die phosphorylierten Proteine von den Phosphorsäuregruppen befreit und in den inaktiven Zustand zurückversetzt werden.

Dieser für Proteohormone akzeptierte *Effektuierungsmechanismus* (Steroidhormone schlagen schon allein wegen ihrer Zellkernrezeptoren einen anderen Weg ein!) ist auf die Proliferationsfaktoren, die ja überwiegend Peptide bzw. Polypeptide sind, übertragen worden, da experimentelle Ergebnisse für dessen Gültigkeit auch für diese sprechen, jedoch mit dem Unterschied, daß das Endziel in der Auslösung der DNA-Synthese und der Mitose und nicht in funktionellen Zelleistungen besteht. Es gilt als zutreffend, daß der intrazelluläre cAMP-Spiegel und die DNA-Synthese negativ korrelieren: *Ist der cAMP-Spiegel hoch, dann stellen die Zellen ihre Vermehrung ein, und umgekehrt.* Hiermit steht im Einklang, daß bei transformierten Zellen, die im Unterschied zu ihren normalen Ausgangszellen eine außerordentlich starke Vermehrungsneigung besitzen, der intrazelluläre cAMP-Spiegel auf fast die Hälfte des Normalen gesenkt ist. Ferner bestehen bei vielen Zelltypen eindeutige Zusammenhänge mit der Funktion des Serumanteils im Nährmedium: Enthält das Medium kein Serum oder wird der Serumanteil unter einen effektiven Schwellenwert verringert, so weisen die Zellen einen hohen cAMP-Spiegel auf und stellen ihre Vermehrung ein. Zusatz von Serum zu solchen Zellkulturen setzt erwartungsgemäß den cAMP-Spiegel herab, und gleichzeitig beginnen die Zellen, sich wieder zu vermehren.

Dieser Effekt wird offenbar durch eine Verminderung der Aktivität der Adenylatzyklase durch die im Serum enthaltenen Proliferationsfaktoren verursacht. Für Insulin und die Somatomedine (S. 77) ist dies — zumindest in bezug auf ihre Wirkung auf Fettzellen — erwiesen; für andere Proliferationsfaktoren ist dies für wahrscheinlich gehalten worden. Jedoch sprechen einige Beobachtungen dafür, daß keinesfalls die absolute Menge des intrazellulären cAMP für die Wirkungsauslösung allein entscheidend ist, sondern daß die mengenmäßigen *Relationen zwischen cAMP und cGMP* von besonderer Bedeutung sind. Die intrazellulären Konzentrationen beider zyklischen Nukleotide verhalten sich überwiegend umgekehrt proportional, so daß sie in einer gewissen „Opposition" zueinander zu stehen scheinen. Vielfach wird heute dem hohen Spiegel an cGMP die bessere korrelative Beziehung zur Zellproliferation zuerkannt.

Erfahrungen jüngster Zeit zeigen aber, daß es offenbar auch einen *direkten Weg der Effektuierung von Proliferationssignalen* in der Zelle gibt, für den die zyklischen Nukleotide nicht erforderlich sind. So geht die Stimulierung der Proliferation von Muskelzellen (Myoblasten) durch Serum oder MSA mit einer Erniedrigung des cAMP-Spiegels oder einer korrelierbaren Veränderung des cGMP-Spiegels *nicht* einher. Bei diesem Zelltyp führt die spezifische Hemmung der Phosphodiesterase zu einer deutlichen Erhöhung des cAMP- (auf 200%) und cGMP-Spiegels (auf etwa 170%), ohne daß hierdurch die mitogene Wirkung der MSA eingeschränkt wird, wie eigentlich erwartet werden müßte.

Auch mit EGF erhaltene Befunde sprechen für einen direkten Weg der *Phosphorylierung intrazellulärer Proteine*. So vermag der EGF nach Bindung an die Rezeptoren isolierter Zellmembranen, also in einem Testsystem, in dem sich keine lebenden Zellen befinden, in Gegenwart von ATP die Aktivität der zellmembrangebundenen Proteinkinasen unmittelbar, d. h. in Abwesenheit von zyklischen Nukleotiden, zu erhöhen und dadurch die Phosphorylierung der dem System zugegebenen, ausgewählten Proteine herbeizuführen. Wie dies allerdings im einzelnen geschieht, entzieht sich noch unserer Kenntnis. Es könnte möglich sein, daß der EGF-Rezeptor in der Zellmembran als „regulatorisches Protein" die betreffende Proteinkinase enthält (gemäß Abb. 36) und daß diese hierdurch unmittelbar aktiviert wird.

Bemerkenswert ist schließlich, daß Zellen, die EGF gebunden haben, in ihrem Innern Stoffe enthalten, die nach Isolierung und Übertragung auf andere, keine EGF-Rezeptoren tragenden Zellen deren DNA-Synthese unmittelbar stimulieren. Das zeigt, daß die Interaktion zwischen EGF und rezeptortragender Zelle die *Bildung endogener Initiatoren* des Proliferationsgeschehens veranlaßt. Auf welchem Weg diese jedoch ihre Funktion ausüben, muß vorerst dahingestellt bleiben.

5. Gegenspieler der Proliferationsfaktoren

Zur Erklärung der Regulation der Zellvermehrung lassen sich drei kybernetische Modelle heranziehen:

1. Die Zelle befindet sich gewöhnlich in einem Zustand der Ruhe und wird durch *positive Signale* „geweckt" und in den Proliferationszyklus geführt. Positive Signalgeber sind Proliferationsfaktoren; sie sind die alleinige bestimmende Größe.
2. Der Zelle ist ein ständiges Proliferationsbestreben eigen, sie wird aber durch *negative Signale* zurückgehalten und in den Zustand vorübergehender Ruhe gezwungen. Sie ist somit dauernd der Einwirkung ausreichend hoher Konzentrationen eines hemmenden Biofaktors ausgesezt. Erst wenn dessen Konzentration fällt, entgleitet die Zelle den auferlegten Fesseln und beginnt sich zu vermehren. Solche Proliferationshemmfaktoren sind in den Chalonen (s. u.)zu sehen. In diesem Modell sind die Hemmfaktoren die einzige bestimmende Größe.
3. Die Zellproliferation ist das Ergebnis des Zusammenspiels antagonistisch wirkender Biofaktoren, d. h. einer Balance des relativen Verhältnisses von *positiven und negativen Signalen*, also von Proliferations- und Proliferationshemmfaktoren. Demzufolge werden die Zellen zwischen zwei Zuständen (Kompartimente) hin- und hergeleitet (Abb. 38). Das positive Signal der Proliferationsfaktoren wird durch das hemmende Signal der Hemmfaktoren antagonisiert und demzufolge in seiner Wirkung herabgesetzt oder gänzlich aufgehoben.

Die letzte Modellvorstellung, der wir bereits im Zusammenhang mit der Regulation des Pflanzenwachstums (Abb. 4) begegnet sind, wird allgemein favorisiert, weil sie sich an die Regulationsprinzipien vieler Stoffwechselprozesse anlehnt. Überzeugende Beweise für eine derartige Wechselwirkung zwischen Proliferationsfaktoren und Proliferationshemmfaktoren und damit für die Gültigkeit des zuletzt angeführten Modells stehen jedoch noch aus. *Die Abhängigkeit der Vermehrung von Kulturzellen von der Zuführung von Proliferationsfaktoren rechtfertigt jedoch nicht die einseitige Überbetonung der regulatorischen Rolle der Hemmfaktoren*, wie dies vom zweiten Modell gefordert wird.

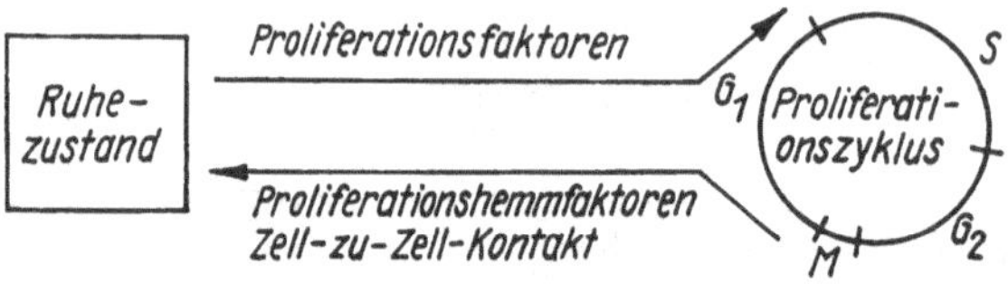

Abb. 38. Zellproliferation im Ergebnis der Wechselwirkung zwischen Proliferationsfaktoren und Proliferationshemmfaktoren. Außer den Hemmfaktoren zwingt auch der Zell-zu-Zell-Kontakt die Zellen zur Proliferationsruhe.

5.1. *Die Chalone*

5.1.1. *Physikochemische Eigenschaften und Vorkommen*

Der *Begriff „Chalon“* ist Anfang der sechziger Jahre von BULLOUGH eingeführt worden zur Bezeichnung von Biofaktoren, die auf dasjenige Gewebe wachstumshemmend zurückwirken, von dem sie synthetisiert wurden. Es sind etwa 20 Chalone experimentell angearbeitet, aber nur einige vertieft erforscht worden. Sie werden nach ihrem Herkunftsgewebe bezeichnet.

Chalone sind Proteine oder Peptide. Die eingehende *physikochemische Charakterisierung* ist wegen der außerordentlich geringen, gewinnbaren Chalonmengen erschwert. Hinter dem Granulozyten- und Lymphozytenchalon dürften sich niedermolekulare Peptide ($M_r < 1000$) verbergen; mit deren Reindarstellung ist am ehesten zu rechnen. Andere aufgereinigte und biologisch näher untersuchte Chalone sind das Epidermis- (hemmend auf die Oberhaut wirkend) und die Asziteschalone (hemmend auf jeweils eine bestimmte, in der Bauchhöhlenflüssigkeit wachsende Tumorzellinie wirkend.) Ein chalonidentisch wirkender Biofaktor ($M_r = 10000-20000$) ist ferner im Kuheuter aufgefunden worden. Dieser scheint hier in höherer Konzentration enthalten zu sein als z. B. Granulozytenchalon in den betreffenden weißen Blutzellen, von denen 1000 bis 3000 kg (!) aufgearbeitet werden müssen, um etwa 1 mg Chalon zu erhalten.

Die Chalone sind nicht nur in den Geweben von Säugetieren, sondern in der phylogenetischen Entwicklungsreihe hinab bis zu den Amphibien und Fischen nachweisbar.

5.1.2. Biologische Wirkungen

Die Chalone sind durch ihre *proliferationshemmende, gewebespezifische, reversible Wirkung* gekennzeichnet. Sie vermögen in der G_1-Phase (= G_1-Chalon) oder — weniger häufig — in der G_2-Phase des Proliferationszyklus (= G_2-Chalon) zu arretieren. In Lymphozyten, Melanozyten, Oberhaut- und Lebergewebe sind beide Chalonarten nachgewiesen worden. G_1-Chalone hemmen den Übergang zur *S*-Phase und zusätzlich deren Ablauf, G_2-Chalone entsprechend den Übergang zur *M*-Phase und den Ablauf der Mitose. Es ist aber auch eine Hemmwirkung unmittelbar auf die DNA-Synthese nachgewiesen worden, so daß die Unterscheidung zwischen G_1- und G_2-Chalon zumindest fragwürdig ist. Immerhin werden in jedem Fall der Proliferationszyklus gestoppt und die Zellen für die Dauer des Vorhandenseins eines Chalons in einen Zustand der Proliferationsruhe bzw. der Nichtansprechbarkeit für Proliferationsfaktoren versetzt. Das gelingt dem Chalon aber nur dann, wenn es *vor* dem Zeitpunkt der Einwirkung von Serum oder der Proliferationsfaktoren die betreffenden Zellen erreicht. Bereits in Proliferation begriffene Zellen werden durch die Chalone nicht mehr gehemmt. Auch für das Insulin ist nachgewiesen worden, daß es in physiologischen Konzentrationen ($1 - 5 \times 10^{-10}$ M) dem Asziteschalon entgegenzuwirken vermag.

Der molekulare *Wirkungsmechanismus der Chalone* ist unbekannt. Es wird vermutet, daß die Zellmembran der primäre Wirkungsort und die Austragungsebene für die Wechselwirkung mit den Proliferationsfaktoren ist. Experimentell gestützte Hinweise auf die eventuelle Nutzung von Rezeptoren und die Beanspruchung des „Second-Messenger-Systems" (S. 124) fehlen. Sollten Chalone jedoch auf molekulare Grundmechanismen, wie Genaktivierung oder Proteinbiosynthese, wirken, so müßte allerdings ihr Eindringen in die Zelle vorausgesetzt werden.

Es ist anzunehmen, daß die Chalone auf dem Diffusionsweg

vom Bildungsort zur Zielzelle gelangen. Da die Organe aus verschiedenartigen Geweben aufgebaut sind, erscheint für die Koordinierung des gleichmäßigen Organwachstums die Freisetzung gewebsspezifischer negativer Regulatoren an Ort und Stelle durchaus als sinnvoll.

Die *physiologische Aufgabe* der Chalone wird zudem in der Aufrechterhaltung des Gleichgewichtes zwischen Zelluntergang und Zellneubildung gesehen. Außerdem ist die Auffassung geäußert worden, daß die Proliferationshemmung lediglich das Ergebnis einer durch Chalone bewirkten Förderung der Zelldifferenzierung und Zellalterung sei. Der dieser Auffassung zugrunde liegende Gedanke, daß sich Zelldifferenzierung und Zellvermehrung gegenseitig ausschließen, ist aber angesichts gegenteiliger Beweise nicht mehr absolut aufrechtzuerhalten.

Der Chalonforschung liegen Aspekte einer wünschenswerten, gezielten Einschränkung der ungezügelten Tumorzellvermehrung zugrunde. In dieser Hinsicht und auch im Hinblick auf die Wirkungsweise stehen den Chalonen die Interferone (s. u.) nahe.

5.2. *Die Interferone*

5.2.1. *Physikochemische Eigenschaften*

Die *Interferone sind heterogene Glykoproteine*, die unter der Einwirkung von Induktoren sehr unterschiedlicher Art (Viren, doppelsträngige RNA, Polyanionen, Bakterienextraktstoffe, Antibiotika, bestimmte niedermolekulare Verbindungen u. a.) von tierischen Zellen gebildet und an andere abgegeben werden. Sie sind recht stabil auch unter extremen pH-Bedingungen und werden durch proteolytische Enzyme, nicht jedoch durch Nukleasen oder Lipasen abgebaut. Auf der Grundlage von physikochemischen, biochemischen und immunologischen Kriterien lassen sich *drei Interferonarten* voneinander unterscheiden:

α- (*Leukozyten-*) *Interferon*	$M_r \approx 22000$	Typ I (pH 2-stabil)
β- (*Fibroblasten-*) *Interferon*	$M_r \approx 17500$	
γ- (*Immun-*) *Interferon*	$M_r \approx 12000$	Typ II (pH 2-labil)

Leukozyten-Interferon enthält einen hohen Anteil basischer (Lysin) und saurer Aminosäuren (Asparagin-, Glutaminsäure), eine Disulfidbrücke und glykosidisch gebundene Oligosaccharide.

Menschliches Fibroblasten-Interferon besteht aus 166 Aminosäuren und wird zusammen mit einem vorausgehenden Signalpeptid von 21 Aminosäuren synthetisiert. Dieses ist offenbar für den Ausschleusungsvorgang des Interferons aus der Zelle verantwortlich; es wird anschließend abgespalten.

5.2.2. Biologische Wirkungen

Die Interferone wurden 1957 auf Grund ihrer *antiviralen Wirkung* entdeckt. Diese galt bis vor wenigen Jahren als die alleinige Wirkung der Interferone. Inzwischen sind jedoch *weitere biologische Wirkungskomponenten* aufgedeckt worden (Aktivierung von Makrophagen- und Lymphozytenfunktionen, Freisetzung von Histamin und anderen Entzündungsstoffen, antimikrobielle und immunmodulierende Wirkung), unter denen die antizelluläre (antimitogene) hier von besonderem Interesse ist. Diese hat den Interferonen den Ruf eines „Antiwachstumshormons" eingebracht.

Die *antimitogene Wirkungskomponente* ist allen drei Interferonarten eigen. Sie läßt sich außer an normalen Zellen und aktivierten Lymphozyten an Tumorzellen nachweisen. Sie ist reversibel und wirkt sich in einer Verlängerung der Interphase aus. Ursache hierfür scheint eine *Blockade des Übergangs von der G_1- in die S-Phase des Proliferationszyklus* zu sein. Im einzelnen ist der Wirkungsmechanismus noch ungeklärt. Da durch interferonspezifische Antikörper sowohl die antivirale als auch die antizelluläre Wirkung neutralisiert wird, ist anzunehmen, daß beide durch den gleichen chemischen Grundkörper hervorgerufen werden. Hierfür spricht auch, daß selbst hochgereinigte Interferonpräparate beide Wirkungskomponenten aufweisen. Allerdings gibt es zu dieser Frage auch gegenteilige Auffassungen, denen die Beobachtung zugrunde liegt, daß Hemmstoffe, wie Ouabain, die antivirale, nicht aber die antizelluläre Wirkung beeinflussen. Die Situation wird weiter kompliziert durch Untersuchungsergebnisse, die dafür sprechen, daß Interferone über zwei antizelluläre Wirkungskomponenten verfügen, von denen die eine „eigenständig" und die andere der antiviralen Komponente zuzuordnen sei.

Interferone unterscheiden sich von den Chalonen durch Kriterien der Spezifität:

Interferone:	speziesspezifisch
	nicht gewebespezifisch
Chalone:	gewebespezifisch
	nicht speziesspezifisch

Sehr aktuell ist gegenwärtig die eventuelle Möglichkeit der *Nutzung von Interferonen als Zytostatikum* im Rahmen der Tumorbehandlung. Erfolge sind bei experimentellen Tumoren der Versuchstiere und bei Knochentumoren (Osteosarkome) und bestimmten bösartigen Blutkrankheiten (akute myeloische Leukämie) des Menschen erzielt worden. Für die *Gewinnung therapeutisch einsetzbarer Interferonpräparate* wird von menschlichen Blutzellen ausgegangen. Eine verheißungsvolle Alternativmethode ist die Produktion von menschlichem Interferon durch Übertragung des aus menschlichen Zellen isolierten Strukturgens in das Genom von Bakterien. Erste Erfolge sind diesem Verfahren des Gen-Ingenieurwesens („genetic engineering") bereits zuteil geworden.

5.3. Verschiedenartige Verbindungen

Neben den Chalonen und Interferonen ist im Organismus mit einer Reihe weiterer *endogener Inhibitoren* der Zellproliferation zu rechnen. Ihre Existenz leitet sich aus der m. o. w. stark hemmenden Wirkung von teilgereinigten Extrakten aus mehr als 20 verschiedenen Geweben und Zelltypen ab. Für alle diese Inhibitoren gilt, daß sie bisher nicht in chemisch reiner Form isoliert werden konnten. Trotzdem stehen ihre Existenz und ihre Wirkung außer Frage.

Endogene Inhibitoren lassen sich folgendermaßen charakterisieren:

- Sie sind natürliche (physiologische) Zellzyklus-regulierende Stoffe.
- Ihre Wirkung ist selektiv. Im allgemeinen stehen sich synthetisierende und Targetzellen hinsichtlich des Zelltyps sehr nahe.
- Sie arretieren den Proliferationszyklus überwiegend in der G_1- oder G_2-Phase, ohne eine zellschädigende (zytotoxische) Wirkung zu entfalten.
- Sie wirken nicht speziesspezifisch.

Unter der Bezeichnung „proliferationshemmende Zytokine" werden Suppressorfaktoren verstanden, die von aktivierten T-Lymphozyten freigesetzt werden und Immunreaktionen supprimieren, d. h. unterdrücken, indem sie hemmend auf die Vermehrung von antikörperbildenden bzw. -tragenden Lymphozytenklone einwirken. Sie sind Gegenspieler der Interleukine (S. 108), die zur Gruppe der proliferationsstimulierenden Zytokine zu rechnen sind. Bestimmte, mit Antikörperbildung gegen körpereigene Stoffe einhergehende Krankheiten (Autoimmunkrankheiten) des Menschen werden z. T. auch auf die im fortgeschrittenen Alter zu beobachtende Verringerung der diese Suppressorfaktoren bildenden T-Lymphozyten zurückgeführt. Der Wirkungsmechanismus dieser Faktoren ist ungeklärt. Neben diesen (antigen-) spezifischen hemmenden Zytokinen existieren möglicherweise unspezifische, die auch nichtlymphozytäre Zellen, wie z. B. Tumorzellen, zu hemmen imstande sein könnten. Sollte sich diese Vermutung bewahrheiten, dann müßten derartige Zytokine den Interferonen (S. 130) zur Seite gestellt werden.

Wegen ihrer nachweislich proliferationshemmenden Wirkung sind dieser Gruppe auch einige gut bekannte, chemisch charakterisierte Stoffe zuzuordnen, wie beispielsweise Heparin und verwandte Verbindungen, Derivate des Cholesterols (hierzu gehört auch das Larvenwachstum stoppende Häutungshormon Ekdyson, das in den Prothorakaldrüsen der Insekten gebildet wird), bestimmte Nukleotide (z. B. das cAMP, S. 124), Prostaglandin E_1 (als Gegenspieler des KSF der Granulozyten-Monozyten-Stammzelle, Abb. 32), oxidierte Polyamine (als Bestandteil vermeintlicher Chalone), bestimmte Vitamin A-Derivate (Retinoide) u. v. a. m.

Den natürlich vorkommenden Hemmstoffen stehen die *exogenen Inhibitoren* gegenüber. Es handelt sich um eine heterogene Gruppe chemischer Verbindungen, die auf verschiedenem Wege hemmend auf die Zellvermehrung wirken, z. B. durch Herabsetzen der aeroben oder anaeroben Glykolyse, Hemmen der DNA-Synthese, Vermindern der Permeabilität der Zellmembran oder indem sie alkylierende chemische Reaktionen oder Veränderungen (Kreuzverknüpfungen) innerhalb bestimmter Proteine herbeiführen. Entsprechend dem Charakter ihrer Wirkung werden sie als alkylierende Agentien, Antimetabolite (z. B. Folsäure-Antagonisten, Purin- und Pyridin-Analoge, Aminosäure-Antagonisten), Antimitotika (z. B. Spindelgifte, wie Kolchizin und seine Derivate) und Antibiotika (Aktinomyzin D, Mitomyzin C u. a.) geführt. Sie haben ihren Angriffspunkt überwiegend in der DNA-Synthese- oder Mitosephase des Proliferationszyklus und unterscheiden sich demnach auch in dieser Hinsicht von den endogenen Inhibitoren.

Mehrere der exogenen Inhibitoren haben als Zytostatika in der Chemotherapie bösartiger Tumoren Bedeutung erlangt. Aber auch diese sind toxische, zytozidale (zelltötende) Stoffe, deren bedingt selektive Wirkung auf Tumorzellen nur daraus resultiert, daß letzte auf Grund ihrer fehlenden oder geringeren Differenzierung empfindlicher reagieren als die normale Körperzelle.

Für den therapeutischen Einsatz solcher Hemmstoffe sind nachgewiesene Chemosensibilität der Tumorzelle und sorgfältige Dosierung oberstes Gebot. Nähere Informationen müssen der einschlägigen umfangreichen Literatur entnommen werden.

6. Zusammenfassung und Ausblick

Im Gegensatz zum Einzeller ist die Regulation des Wachstums bei hochorganisierten Organismen, wie Pflanze und Tier, ein komplexes zelluläres und molekulares Geschehen, dessen Prozeßkette noch weitestgehend im Verborgenen liegt. Die hier dargestellten, aufbereiteten internationalen Forschungsergebnisse sind erste Mosaiksteine für ein Bild, das gegenwärtig erst in Umrissen erkennbar ist, aber zunehmend an Farbe gewinnt. In diese Einschätzung einbezogen sind auch diejenigen Lebewesenklassen, die hier nicht angesprochen wurden bzw. abgehandelt werden konnten.

Je höher ein Lebewesen organisiert ist, desto dringlicher ist die Notwendigkeit der Kontrolle der Zellvermehrung. Bei Verteraten, hier vorzugsweise am Beispiel der auf höchster Entwicklungsstufe stehenden Säugetiere ausgewiesen, haben sich im Verlauf der Evolution zwei Regulationsebenen herausgebildet. Die eine sichert die zelluläre Homöostase in jedem Organ und Gewebe, die andere führt alle diese peripheren Zellvermehrungsvorgänge zu einem einheitlichen Ganzen zusammen, übt eine übergeordnete Kontrolle aus und gewährleistet hierdurch das Längenwachstum des Organismus im Kindes- und Jugendalter. Der Spielraum ist durch das Genmuster der betreffenden Spezies vorgegeben.

Die Zellvermehrung ist das Ergebnis einer ausgewogenen Balance zwischen stimulierenden und hemmenden endogenen Signalen. Bei der Pflanze sind die Signalgeber relativ einfache organische Verbindungen. Sie sind — soweit sie überhaupt bekannt sind — hinsichtlich ihrer chemischen Struktur aufgeklärt. Beim tierischen Organismus sind die Signalgeber meist eiweißartige Verbindungen, deren chemische Struktur bis auf wenige Ausnahmen sich unserem Wissen noch entzieht. Als sogenannte Gewebshormone werden sie von nicht spezialisierten Zellen der Gewebe und Organe synthetisiert und freigesetzt, und sie entfalten nicht selten unmittelbar auf benachbarte Zellen ihre Wirkung. Ihre Erforschung ist noch im Fluß. Die vorliegenden Ergebnisse deuten an, welches umfangreiche Hinterland zu erschließen ist. Den gegenwärtigen Kenntnisstand zu beleuchten, war Schwerpunkt dieser Abhandlung.

Der Kenntnisgewinn auf diesem Gebiet wird in den kommenden Jahren schnell zunehmen. Sein Umfang ist abhängig von der Zahl der Forschungsgruppen, die sich in den verschiedenen Ländern den offenen Fragen stellen. Mitbestimmend hierbei ist der Konkretheitsgrad der Aussicht auf Nutzung der Ergebnisse.

Für die Regulatoren des Pflanzenwachstums sind bereits konkrete Anwendungsgebiete in der landwirtschaftlichen Praxis erschlossen worden. So besteht heute bereits ein zunehmender Bedarf an Gibberellinen. Sie werden eingesetzt z. B. zur Förderung der Fruchtbildung beim Wein (Besprühen der Blütenstände) und zum Ankeimen der Gerstenkörner bei der Mälzung. Routinemäßig werden sie verwendet zur Blüh- und Fruchtansatzstimulierung von Zitruspflanzen der Plantagen. Kanadische Forschungsgruppen dokumentierten einen günstigen Einfluß der Gibberelline auf Baumblüte und Samenproduktion. Sowjetische Wissenschaftler berichteten über die erfolgreiche Anwendung bei Tomaten, Mais und Sauerkirschen. Industriezweige in mehreren Ländern befassen sich mit der Kultivierung des Pilzes *Gibberella fujikuroi* in Tanks und der Gewinnung der freigesetzten Gibberellinsäure aus der Kulturflüssigkeit.

Ebenso bedeutungsvoll ist für bestimmte Anwendungsgebiete die Hemmung der stimulierenden Phytohormone. So ist beim Getreide die Drosselung des Halmwachstums unter Umständen erstrebenswert, weil hierdurch dem durch Sturm und Regen verursachten „Lagern“ der Getreidepflanzen auf den Feldern entgegengewirkt werden kann. Ertragsverluste lassen sich hierdurch senken. Es gelang, Verbindungen aufzufinden, die die zellstrekkende Auxinwirkung antagonisieren und zugleich die Biosynthese der Gibberelline in Getreidepflanzen einschränken. Phenoxyisobuttersäurederivate, die als solche Wirkungsträger erkannt wurden, werden in ihrer Wirkung potenziert durch Kombination mit anderen Verbindungen, wodurch ein Weg zur Verringerung der Gesamtmenge der eingesetzten Chemikalien gewiesen wurde. Großflächige Feldversuche stellten die in der Akademie der Wissenschaften der DDR entwickelten „Halmstabilisatoren“ als gut wirksam unter Beweis. Der Ertrag von Getreide ließ sich um durchschnittlich 10 Prozent erhöhen.

Weitere Einsatzgebiete von Phytohormonderivaten zeichnen sich in der Beeinflussung des Sproß-Wurzel-Verhältnisses bei ausgewählten Kulturpflanzen ab. Bei Zuckerrüben z. B. könnte hierdurch eine Vergrößerung der Rübe und damit des Zuckerertrages erreichbar sein. Auf Grund der Tatsache, daß die grundlegenden regulatorischen Vorgänge bei der Speicherwurzel und dem normalen Wurzelsystem gleichen Gesetzmäßigkeiten gehorchen, ist eine solche Zielstellung realistisch. Auf gleiche Weise könnte bei anderen Kulturpflanzen zur Verbesserung des Wasseraufnahmevermögens und damit zur Erhöhung des Ertrages beigetragen werden.

Künftige Anwendungsfelder endogener Wachstumsregulatoren des tierischen Organismus werden verständlicherweise auf medizinisch-therapeutischem Gebiet erwartet. Der Weg bis dorthin ist jedoch noch weit. Die Nutzung solcher Biofaktoren ist erschwert durch die fehlende Kenntnis der chemischen Struktur der meisten Biofaktoren, oder — soweit deren Struktur aufgeklärt ist — durch die synthetische Unzugänglichkeit. So kann beispielsweise das seit Jahren intensiv erforschte und strukturell aufgeklärte STH wegen der Länge seiner Aminosäurekette chemosynthetisch nicht hergestellt werden, und — wären die methodischen Voraussetzungen erfüllt — würde der Kostenaufwand untragbar sein. Andererseits ist das aus tierischem Material gewonnene STH wegen tierartspezifischer Abweichungen in der Aminosäuresequenz beim Menschen unwirksam. Das aus menschlichen Hypophysen gewinnbare ist verständlicherweise sehr knapp bemessen und entsprechend teuer. Aus diesen Gründen kann heute das STH lediglich für die Therapie des hypophysären Zwergwuchses eingesetzt werden. Die synthetisch zugänglichen Regulatoren der STH-Ausschüttung, Somatoliberin und Somatostatin, besitzen bestenfalls krankheitsdiagnostische Bedeutung; für den therapeutischen Einsatz besteht z. Z. keine Indikation.

Das vielzitierte Insulin findet bekanntermaßen seit Jahren Anwendung bei der Behandlung der Zuckerkrankheit (Diabetes) des Menschen. Es wird aus Bauchspeicheldrüsen von Schweinen gewonnen. Seine Produktion mittels gentechnischer Verfahren ist angelaufen. Die auf Zellkulturen gerichtete vermehrungsstimulierende Wirkung ist im allgemeinen nur mit unphysiologisch hohen Dosen erreichbar, die sich für eine Anwendung am Organismus verbieten, weil gleichzeitig eine Reihe anderer, unliebsamer biologischer Effekte ausgelöst werden würde. So gilt für das Insulin ebenso wie für die meisten anderen Proliferationsfaktoren letztlich, daß das konkreteste Anwendungsfeld auf dem Sektor der Zellzüchtung und -kultivierung selbst liegt. Hier versprechen geeignete Biofaktorkombinationen, durch Ersatz herkömmlicher, nicht exakt definierbarer biologischer Wachstumszusätze im Medium zur Standardisierung der Versuchsdurchführung (nicht zuletzt auch zum Zweck der Erforschung von Regulatoren der Zellvermehrung!) beizutragen.

Abschließend soll aus der Gruppe der Inhibitoren der Zellvermehrung das Interferon als jener Biofaktor herausgestellt werden, dessen Einsatz in der Medizin bereits erfolgt, zumindest in einigen wenigen Ländern. Anstrengungen sind gegenwärtig darauf gerichtet, Interferon in größeren Mengen zu gewinnen, als dies durch Extraktion von Blutzellen möglich ist. Gentechnische Produktionsverfahren werden als erfolgsträchtig betrachtet. Oberstes Ziel beim therapeutischen Einsatz von Interferon muß zuerst einmal sein abzuklären, ob die in diesen Biofaktor gesetzte Hoffnung, ein wirkungsvolles Mittel gegen bestimmte Krebsarten zu sein, tatsächlich fundiert ist.

7. Hinweise auf weiterführende und vertiefende Literatur bzw. Originalveröffentlichungen

I. Mikroorganismen

BERGTER, F.: Wachstum von Mikroorganismen. Experimente und Modelle, VEB Gustav Fischer Verlag Jena 1972

SCHUMANN, W.: Bacteriocine. Biologie in unserer Zeit. **11**/3, 65 (1981)

THIMANN, K. V.: Das Leben der Bakterien. VEB Gustav Fischer Jena 1964

WEIDE, H. und H. AURICH: Allgemeine Mikrobiologie. VEB Gustav Fischer Jena 1979

II. Pflanzlicher Organismus

.В. П. ДЕЕВА: Регарданты-регуляторы роста растений. Минск ,,Наука и техника'' 1980 г.

DÖRFFLING, K.: Das Hormonsystem der Pflanzen. Georg Thieme Verlag, Stuttgart, New York, 1982

FELLENBERG, G.: Pflanzenwachstum. Physiologie — Regulation — Ökologie. UTB Nr. 1023, Gustav Fischer Verlag Stuttgart, New York, 1981

GRÄSER, H.: Biochemie und Physiologie der Phytoeffektoren. VEB Deutscher Verlag der Wissenschaften Berlin 1978

HENKE, O. und G. SCHÄLLER: Vorkommen und Bedeutung der Pflanzenwuchsstoffe. Botanica marina 8, 156 (1965)

KOBLITZ, H.: Zell- und Gewebezüchtung bei Pflanzen. VEB Gustav Fischer Jena 1972
LANGE, G.: Biologische Prozeßsteuerung. Spectrum, Berlin, **13**/5, 10 (1982)
LIBBERT, E.: Lehrbuch der Pflanzenphysiologie. 3. Auflage. VEB Gustav Fischer Jena 1979
LIBBERT, E.: Allgemeine Biologie. UTB Nr. 1197, Gustav Fischer Verlag Stuttgart, New York, 1982
NULTSCH, W.: Allgemeine Botanik. Georg Thieme Verlag, Stuttgart, New York, 1982
SKOOG, F. (Hrsg.): Plant Growth Substances 1979. Proc. in Life Sci., XVI., Springer Verlag, Berlin, Heidelberg, New York, 1980

III. Tierischer Organismus

1. Wachstumsregulation

HANČ, O. und Z. PÁDR: Chemie und Biologie der Hormone. VEB Gustav Fischer Jena 1979
HOFMANN, E.: Dynamische Biochemie. Bände I—IV. 4. Auflage. WTB-Reihe Biologie, Akademie-Verlag Berlin 1979
HOFMANN, E.: Funktionelle Biochemie des Menschen. Bände 1 und 2. WTB-Reihe Biologie. Akademie-Verlag Berlin 1978
RAPOPORT, S. M.: Medizinische Biochemie. 7. Auflage. VEB Verlag Volk und Gesundheit 1977 Berlin

2. Zelle und Zellvermehrung

BIELKA, H. (Herausgeber): Molekulare Biologie der Zelle. 2. Auflage. VEB Gustav Fischer Verlag Jena 1973
DAVID, H.: Quantitative ultrastructural data of animal and human cells. VEB Georg Thieme Verlag Leipzig 1977
Епифанова, О. П.: ,,Клеточный цикл'' Наука, Москва, 1973 г.
HALLE, W.: Zell- und Gewebezüchtung bei Tieren. VEB Gustav Fischer Verlag Jena 1976
MAUERSBERGER, B. (Herausgeberin): Aktuelle Probleme der Zellzüchtung. VEB Gustav Fischer Verlag Jena 1971
NURSE, P.: Cell cycle control — both deterministic and probabilistic? Nature **286**, 9 (1980)
PADILLA, G. M., and K. S. MCCARTY (Edts.): Genetic Expression in the Cell Cycle. Academic Press Inc., New York, 1982
SAJONSKI, H. und A. SMOLLICH: Zelle und Gewebe. Eine Einführung für Mediziner und Naturwissenschaftler. 4. Auflage. S. Hirzel Verlag Leipzig 1978
SCHNITZLER, S.: Pharmakologische Aspekte von Immunreaktionen. WTB-Reihe Biologie. Akademie-Verlag Berlin 1979

3. Proliferationsfaktoren

BRADSHAW, R. A.: Nerve Growth Factor. Ann. Rev. Biochem. **47**, 191 (1978)

FREY, P., R. FORAND, T. MACIAG and E. M. SHOOTER: The biosynthetic precursor of Epidermal Growth Factor and the mechanism of its processing. Proc. Natl. Acad. Sci. USA **76**, 6294 (1979)

ГАСПАРЯН, Г. Г. ТЕРСКИХ, В. В. ЗОСИМОВСКАЯ, А. Н. ЗАКАРЯН, Г. Г. МАЦАКЯН, Ю. А.: Факторы, контролирующие скорость размножения клеток стационарных культур, стимулированных к пролиферации. Продолжительность пребывания клеточных культур в стационарной фазе роста. Цитология XXII, 684 (1980)

GOSPODAROWICZ, D.: Fibroblast and Epidermal Growth Factors: Their uses in vivo and in vitro studies on cell functions and cell transplantation. Mol. Cell Biochem. **25**, 79 (1979)

GOSPODAROWICZ, D., and J. S. MORAN: Growth factors in mammalian cell culture. Ann. Rev. Biochem. **45**, 531 (1976)

JENTZSCH, K. D., W. HALLE, W. JAKOB, G. HEDER und B. MAUERSBERGER: Biologisch-pharmakologische Aspekte der Beeinflussung des Blutgefäßsystems. Beiträge zur Wirkstofforschung, Heft 7 (1980)[1])

JENTZSCH, K. D. und J. ZIPPER: Proteine und Peptide als Stimulatoren von Vermehrungs- und Differenzierungsprozessen bei kultivierten tierischen Zellen. Beiträge zur Wirkstofforschung, Heft 3 (1976)[1])

RINDERKNECHT, E., und R. E. HUMBEL: Primary structure of human insulin-like growth factor II. FEBS letters **89**, 283 (1978)

4. Wechselwirkung Proliferationsfaktor/Zelle

COHEN, S., G. CARPENTER and K. J. LEMBACH: Interaction of Epidermal Growth Factor with cultured fibroblasts. Adv. Metabol. Disord. **8**, 265 (1975)

DUMONT, J. E., and J. NUNEZ (Edts.): Hormones and Cell Regulation. Elsevier Scientific Publishing Company, Amsterdam, New York, 1981

EDELMAN, G. M.: Erkennung und Kontrolle der Zelloberfläche. Naturwiss. Rdschau **29**, 145 (1976)

HAIGLER, H. T., and S. COHEN: Epidermal Growth Factor — interactions with cellular receptors. Trends in Biochem. Sci. **4**, 132 (1979)

HEIDEMANN, E.: Humorale Regulatoren der Zellproliferation in der Hämatopoese. Klin. Wschr. **58**, 1117 (1980)

JÄGER, L.: Klinische Immunologie. WTB-Reihe Biologie. Akademie-Verlag Berlin 1978

LÖWE, H. (Herausgeber): Wirkstoffrezeptoren tierischer Systeme als molekulare Angriffsorte von Pharmaka. Beiträge zur Wirkstofforschung, Heft 1 (1974)[1])

---

[1]) Herausgebende Institution: Akademie-Industrie-Komplex „Arzneimittelforschung", DDR-1136 Berlin, Alfred-Kowalke-Straße 4. Bei Anforderung werden die Hefte zur Verfügung gestellt.

Magun, B. E., L. H. Matrisian and G. T. Bowden: Epidermal Growth Factor. Ability of tumor promoter to alter its degradation, receptor affinity and receptor number. J. Biol. Chem. **255**, 6373 (1980)

5. Gegenspieler der Proliferationsfaktoren

Balázs, D., and I. Blazsek: Control of cell proliferation by endogenous inhibitors. Akadémiai Kiadó Budapest 1979

Конышев, В. А.: Стимуляторы и ингибиторы роста органов и тканей животных.
Медицина, Москва, 1974г.

Lehmann, W.: Nachweis eines chalonähnlichen Faktors des Ehrlich-Ascites-Mamma-Carcinoms. Dissertation, AdW der DDR, Berlin 1980

Zschiesche, W.: Aktuelle Ergebnisse und Probleme der Interferonforschung. Dtsch. Gesundh.-wesen **35**, 1609 (1980)

8. Sachregister

Der Verfasser

- behandelt das Wachstum — die allgemeinste Äußerung der belebten Materie — und die diesem biologischen Prozeß zugrunde liegende Zellvermehrung

- berücksichtigt als Objekte die (einzelligen) Mikroorganismen und den (vielzelligen) pflanzlichen und tierischen Organismus, wobei letzter seiner komplizierten Funktionsweise wegen besonders eingehend abgehandelt wird

- bespricht die am vielfaktoriellen Regulationsmechanismus der Zellvermehrung beteiligten positiven und negativen chemischen Signalstoffe und deren Wirkungsweise

- bezieht den neuesten Kenntnisstand und aktuelle Modellvorstellungen zu der Signalübertragung auf die Zelle und der Signalumwandlung in spezifische zelluläre Prozesse ein

- wendet sich vor allem an die Studierenden der Medizin, Biochemie, Biologie, Chemie und Pharmazie, an in der Praxis der Zellzüchtung Stehende sowie an interessierte Naturwissenschaftler und Ärzte

WISSENSCHAFTLICHE TASCHENBÜCHER

FSC
www.fsc.org
MIX
Papier | Fördert
gute Waldnutzung
FSC® C083411

Kolibri 360 GmbH
Ferdinand-Jühlke-Straße 7
99095 Erfurt, Deutschland
produktsicherheit@kolibri360.de